织物有限元分析案例

楚艳艳　著

中国纺织出版社有限公司

内 容 提 要

本书介绍了纺织工程专业中常见的有限元分析案例，涵盖织物拉伸性能、顶破性能、弹道冲击、纱线抽拔等方面。书中不仅详细介绍了各种分析方法的原理和步骤，还通过具体案例展示了模拟过程及结果分析。此外，本书还介绍了ABAQUS与其他建模软件的联用分析案例，为读者提供了多软件协同模拟的实用技巧和方法。

本书既适合纺织专业的学生阅读，也可供相关领域的工程师和技术人员参考。

图书在版编目（CIP）数据

织物有限元分析案例 / 楚艳艳著． -- 北京：中国纺织出版社有限公司，2024．8． -- ISBN 978-7-5229-1942-3

Ⅰ．TS101.92

中国国家版本馆CIP数据核字第2024JE1815号

责任编辑：由笑颖 范雨昕　　责任校对：李泽巾
责任印制：王艳丽

中国纺织出版社有限公司出版发行
地址：北京市朝阳区百子湾东里A407号楼　邮政编码：100124
销售电话：010—67004422　传真：010—87155801
http://www.c-textilep.com
中国纺织出版社天猫旗舰店
官方微博http://weibo.com/2119887771
北京通天印刷有限责任公司印刷　各地新华书店经销
2024年8月第1版第1次印刷
开本：710×1000　1/16　印张：12.5
字数：210千字　定价：88.00元

凡购本书，如有缺页、倒页、脱页，由本社图书营销中心调换

前 言

　　数字化与智能化浪潮席卷全球，纺织行业正经历着前所未有的技术革新与产业升级。作为传统制造业的重要支柱，纺织行业不仅要在高效、环保、创新方面持续探索，更对专业技术提出了更高的要求。有限元分析，这一在工程领域广泛应用的数值分析技术，正逐渐成为纺织行业解决复杂力学问题、优化产品设计的关键工具。本书的出版，正是顺应这一时代需求，为广大纺织行业的学者、工程师和技术人员提供实用而丰富的参考资料。本书旨在通过一系列精选的有限元模拟案例，深入剖析有限元分析在纺织行业中的应用，帮助读者更好地理解和掌握这一技术，进而将其应用于实际工作中，推动纺织行业的科技进步与创新发展。

　　本书精心选取了纺织工程专业中常见的有限元分析案例，包括织物拉伸性能、顶破性能、弹道冲击、纱线抽拔等。这些案例不仅涵盖了纺织品的力学行为、力学性能以及材料特性的模拟研究，还涉及实际生产过程中的优化问题。通过具体案例的展示，读者可以直观地了解有限元分析在纺织行业中的实际应用，从而加深对相关理论和技术的理解。以ABAQUS主流有限元分析软件为例，详细介绍了其在纺织专业中的操作方法和应用技巧。同时，还展示了多软件协同模拟的案例，帮助读者了解多软件协同工作的优势和便利，为他们在实际工作中提供更多选择和可能性。此外，本书还注重理论与实践的紧密结合。在介绍有限元分析的基本原理和步骤的基础上，通过具体案例详细展示了模拟过程及结果分析。这种以案例为主线的编写方式，使读者能够更加深入地了解有限元分析在纺织行业中的实际应用，从而更快地掌握相关技能。

　　本书广泛适用于纺织工程专业的师生、工程师和技术人员等不同层次的读者。对于初学者来说，本书可以帮助他们快速入门，了解有限元分析技术；对于有一定基础的读者来说，本书则可以为他们提供更深入和专业的知识，帮助他们解决在实际工作中遇到的问题，为教学和科研工作提供有力的支持。

本书共分为十三章，第一至第十二章由中原工学院楚艳艳执笔，第十三章由中原工学院曾灏宪执笔。本书的撰写工作也得到了朱保坤、张志国、王岩、张越、陈思楠、李欣、刘莹莹等的帮助，在此一并表示感谢。

在本书的编写过程中，得到了许多专家和同行的支持与帮助。在此，表示衷心的感谢。同时，我们也诚挚地希望广大读者能够提出宝贵的意见和建议，以便我们不断完善本书，提高本书的质量。

让我们携手共进，在数字化与智能化的时代背景下，共同推动纺织行业的科技进步与创新发展！

楚艳艳

2024年3月

目　录

第1章

绪论

1.1 有限元方法概述

1.1.1 有限元方法基本概念

有限元方法（finite element method，FEM）是求解连续体物理问题的一种数值计算方法，它的基本思想是将复杂的连续体或连续场分割成有限个简单的单元或子域，这些单元或子域通过节点相互连接，形成一个离散的模型。在每个单元内，未知函数（如位移、应力、温度等）通过适当的插值函数进行近似表达，从而将无限自由度的问题转化为有限自由度的问题。在有限元方法中，每个单元都有其特定的几何形状、材料属性和边界条件。单元之间通过节点相互连接，这些节点不仅承载着单元位移和力的信息，还构成了整个离散模型的自由度集合。通过对每个单元进行局部分析，并考虑单元之间的相互作用，可以建立起整个离散模型的数学方程。

有限元方法的核心在于离散化和近似。离散化将连续体划分为有限个单元，实现了从无限到有限的转化；近似则通过插值函数在每个单元内进行未知函数的近似表达，从而简化了问题的求解过程。这种离散化和近似的思想使有限元方法能够处理各种复杂的物理问题，包括结构力学、流体力学、热传导、电磁场等。有限元方法的优点在于其通用性和灵活性。它可以根据问题的特性和需求选择适当的单元类型、插值函数和边界条件，从而建立起精确可靠的数学模型。此外，有限元方法还可以方便地处理非线性问题、多物理场耦合问题以及复杂几何形状等问题，因此在工程和科学领域得到了广泛的应用。需要注意的是，有限元方法所得到的解是近似解，其精度取决于单元划分的大小和数量、插值函数的选择以及求解方法的准确性等因素。因此，在进行有限元分析时，需要仔细考虑这些因素，并根据实际问题进行适当的调整和验证。

1.1.2 有限元方法发展与应用

有限元法的概念最早可以追溯到20世纪40年代。在这一时期，科学家开始尝试将连续体离散成有限个单元，以简化复杂问题的求解。早期的有限元方法主要关注于弹性力学问题，通过简单的单元划分和插值方法，实现对结构力学行为的近似模拟。然而，由于当时计算机技术的限制，这些方法的计算能力和应用范围相对有限。

随着20世纪50年代和60年代计算机技术的飞速发展，有限元方法的计算能力得到了显著提升。计算机的出现使大规模的数值计算成为可能，有限元方法开始广泛应用于各种工程领域。在这一时期，有限元方法的单元类型、插值函数和求解方法都得到了不断的改进和完善，使其能够更好地处理复杂的问题。与此同时，数值方法的进步也为有限元方法的发展提供了有力支持。例如，变分原理、加权残量法和最小二乘法等数学方法的引入，为有限元方法的理论基础提供了更加坚实的支撑。这些方法的结合使有限元方法在处理各种问题时更加灵活和准确。进入20世纪80年代和90年代，有限元方法开始面临更加复杂的问题挑战，如非线性问题和多物理场耦合问题。为了解决这些问题，有限元方法不断引入新的技术和方法。例如，为了处理非线性问题，有限元方法采用了迭代法、增量法和弧长法等方法；对于多物理场耦合问题，有限元方法通过引入多场耦合算法和接口技术，实现了不同物理场之间的协同求解。

进入21世纪，随着计算机技术的持续进步和数值方法的不断创新，有限元方法已经发展成为一种成熟的数值分析方法。它不仅能够处理各种复杂的结构力学问题，还能够广泛应用于流体力学、热传导、电磁场等多个领域。同时，随着高性能计算技术的发展，有限元方法的计算规模和精度也得到了极大的提升，使工程师能够更加准确地模拟和分析各种实际问题。综上所述，有限元方法的发展历史是一个不断演进和完善的过程。它伴随着计算机技术的进步和数值方法的创新，逐步从简单的结构力学问题扩展到复杂的非线性、多物理场耦合问题。如今，有限元方法已成为工程和科学领域不可或缺的一种数值分析方法，为各种复杂问题的求解提供了强大的支持。

在应用领域方面，有限元方法的应用范围几乎涵盖了所有工程领域。在航空航天领域，有限元方法被广泛应用于飞机、火箭等复杂结构的强度分析和优化设计。在汽车制造领域，有限元方法可以帮助工程师预测汽车在各种工况下的性能表现，提高汽车的安全性和舒适性。在土木工程领域，有限元方法可以用于桥梁、隧道、大坝等基础设施的设计和评估。此外，在电子设备、生物医学、材料科学等领域，有限元方法也发挥着不可替代的作用。除了工程领域，有限元方法在科学研究领域也具有重要意义。通过有限元模拟，科学家可以深入研究材料的微观结构和力学行为，探究新材料的性能特点。在流体力学领域，有限元方法可以用于模拟流体在复杂形状管道中的流动情况，揭示流体运动的内在规律。此外，有限元方法还可以与其他数值方法相结合，形成多尺度、多物理场耦合的模拟系统，为科学研究提供更加全面和深入的分析手段。

1.1.3 有限元方法在纺织上的应用

有限元分析，作为一种强大的数值分析技术，在纺织工程中发挥着日益重要的作用。ABAQUS，作为一款专业的有限元分析软件，为纺织行业提供了精准、高效的分析手段，助力纺织工程师解决复杂的工程问题。在纺织品的结构设计和开发中，ABAQUS的有限元分析功能为工程师提供了强大的支持。例如，在开发高性能运动装备时，工程师可以利用ABAQUS建立复杂的纺织品有限元模型，模拟其在运动过程中的拉伸、压缩和弯曲等力学行为。通过模拟分析，工程师可以预测纺织品在不同运动状态下的性能表现，进而优化其结构设计和材料选择，提升运动装备的舒适性和功能性。在纤维和纱线的性能研究中，ABAQUS同样展现出强大的分析能力。以研究碳纤维的力学性能为例，工程师可以通过ABAQUS建立碳纤维的有限元模型，模拟其在不同加载条件下的应力应变关系。这不仅有助于揭示碳纤维的变形机制和失效模式，还可以为碳纤维复合材料的设计提供理论依据，推动碳纤维在航空航天、汽车等领域的广泛应用。此外，在纺织品的工艺优化方面，ABAQUS也发挥着不可或缺的作用。以纺织品的染色工艺为例，工程师可以利用ABAQUS模拟染料在纺织品中的热湿传递过程，与传统的实验探究法相比，可以达到节约资源、降低生产成本、缩短探究周期的目的。

当前，有限元分析已经成为工程教育中不可或缺的一部分，越来越多的高校和机构开始引入有限元分析课程。教学信息化是教育现代化的关键，尤其在高等教育中，信息技术的应用日益广泛。纺织工程专业因其实践性强、设备复杂等特点，面临着实验资源有限、成本高昂等挑战。为克服这些难题，在纺织工程专业教学中应积极探索虚拟仿真实验教学的新模式。其中，基于有限元分析软件ABAQUS的虚拟仿真实验教学尤为突出。ABAQUS以其强大的非线性分析能力和精确的模拟效果，在纺织品结构力学、舒适性等方面的教学中发挥了重要作用。这种教学方式不仅节约了实验成本，降低了安全风险，还为学生提供了浸入式的仿真环境，使他们能够更直观地观察和分析纺织品的力学行为。与传统实验教学相比，虚拟仿真实验教学具有更高的灵活性和可扩展性，能够根据学生的需求进行个性化教学。

1.2 ABAQUS 简介

有限元分析软件作为现代计算方法的重要组成部分，在工程和科学领域发挥着关键作用。它最初应用于连续体力学，现已扩展至热传导、电磁场等多领域。市场上，ANSYS、MSC.Software和ABAQUS等主流软件各具特色，深受工程师和科学家喜爱。ABAQUS以其强大的模拟能力，解决了从线性分析到复杂非线性分析的广泛工程问题。

1.2.1 ABAQUS 主要模块

ABAQUS的核心由两个主求解器模块构成：ABAQUS/Standard和ABAQUS/Explicit，辅以强大的图形用户界面——ABAQUS/CAE，为用户提供了直观便捷的操作体验。此外，ABAQUS还包含多个特殊用途的分析模块，如ABAQUS/Aqua、ABAQUS/Design和ABAQUS/Foundation，并提供了与MOLDFLOW和MSC.ADAMS的接口，进一步扩展了其应用范围。

ABAQUS/CAE 是 ABAQUS 进行操作的完整操作环境，在这个环境中，可提供简明一致的界面来生成计算模型，可交互式地提交和监控ABAQUS作业，并可评估计算结果。ABAQUS/CAE 分为若干个功能模块，每个功能模块定义了建模过程中的一个逻辑方面，如定义几何形状、材料性质，生成网格等。在完成功能模块到功能模块切换的同时，也完成了建模。一旦建模完成，ABAQUS/CAE 会生成一个输入文件，用户可把它提交给 ABAQUS/Standard 或 ABAQUS/Explicit 求解器。求解器读入输入文件进行分析计算，同时发送信息给ABAQUS/CAE 以便对作业的进程进行监控，并产生输出数据。最后，用户可使用可视化模块阅读输出数据，观察分析结果。用户与ABAQUS/CAE交互时，会产生一个命令执行文件，它用命令方式记录了操作的全过程。在使用方面，ABAQUS提供了友好的用户界面和强大的建模功能。用户可以通过简单的操作，轻松建立复杂的模型，并设定各种边界条件和荷载工况。软件自动选择合适的荷载增量和收敛精度，确保分析结果的准确性和可靠性。同时，ABAQUS还提供了丰富的后处理功能，用户可以方便地查看和分析模拟结果，提取有用的信息。ABAQUS丰富多样的单元库，能够模拟任意实际形状，无论是简单的几何体还是复杂的组合结构，都能轻松应对。与此同时，其材料模型库同样丰富，涵盖了金属、橡胶、高分子材料、复合材料等多种典型工程材料，使模拟结果更加贴近实际。值得一提的是，ABAQUS在非线性分析方面表现出色。它能够自动调整参数，确保分析过程的有效性和高精度解的获取，大大减轻了工程师的工作负担，使他们能够更专注于问题的本质和解决方案的探索。

1.2.2　ABAQUS 分析流程

一个完整的ABAQUS分析流程通常包含三个紧密相连的步骤：前处理、计算求解模拟和后处理。在这三个步骤中，各个环节相互衔接，并生成相应的文件以支持整个分析过程（图1-1）。

图 1-1　ABAQUS 模拟步骤

首先，前处理是ABAQUS工作流程的起点。这一模块的核心任务是帮助用户构建分析所需的模型。用户可以通过直观的图形界面定义模型的几何形状、材料属性及边界条件。此外，前处理模块还提供了强大的网格划分工具，用户可以根据问题的特性，选择适合的网格类型和密度，以确保分析的准确性和效率。同时，前处理还支持参数化建模，使用户可以方便地修改模型参数，进行多方案比较和优化。

其次，求解器模拟，这是ABAQUS的核心所在，即模拟计算。负责求解由前处理模块生成的有限元方程。ABAQUS的求解器模块提供了多种高效的求解算法，如隐式算法和显式算法，以适应不同问题的需求。此外，该模块还具备强大的非线性处理能力，能够准确模拟材料的非线性行为、接触和摩擦等复杂现象。在求解过程中，求解器模块会自动选择合适的求解策略和参数，以确保求解的准确性和稳定性。

完成求解后，后处理便发挥其作用，主要用于对求解结果进行可视化展示和分析。用户可以通过后处理模块查看模型的变形、应力分布、温度场等结果，以直观地了解问题的特性。此外，后处理模块还提供了丰富的数据提取和处理功能，用户可以根据需要提取特定位置或区域的数据，进行更深入的分析和比较。

使用ABAQUS进行有限元分析的过程通常包括以下几个步骤。

（1）问题定义与建模。明确分析的目的和条件，建立相应的物理模型。这包括确定模型的几何形状、材料属性、边界条件和加载方式等。

（2）网格划分。将模型离散化为有限个单元，通过网格划分实现模型的数值化。网格的疏密和形状对分析结果的精度有很大影响。

（3）求解设置。选择适当的求解器算法和选项，设置求解参数。这包括选择求解类型（静态、动态等），设置收敛准则等。

（4）求解与后处理。运行求解器进行有限元方程的求解，并对求解结果进行后处理。通过可视化工具查看模型的变形、应力分布等结果，提取需要的数据进行分析和评估。

1.2.3　ABAQUS 功能模块

在ABAQUS中，用户通过不同的功能模块来完成复杂的有限元分析流程。以下是各个功能模块的主要功能简述。

（1）Part模块。用户在此模块中创建单个部件。部件的几何形状可以直接在ABAQUS/CAE环境中使用图形工具绘制，也可以从其他图形软件导入。

（2）Property模块。该模块用于定义部件的截面特性，包括材料属性和横截面形状信息。用户在此生成截面和材料定义，并将其分配给相应的部件。

（3）Assembly模块。每个生成的部件都有其自己的坐标系，与其他部件相互独立。在Assembly模块中，用户可以创建部件的副本（实例），并在整体坐标系中定位这些副本，从而组装成一个完整的装配件。

（4）Step模块。用户通过此模块创建和配置分析步骤及相应的输出需求。分析步骤的序列能够方便地反映模型中的变化，如载荷和边界条件的变化。输出需求可以在不同的步骤之间进行调整。

（5）Interaction模块。在此模块中，用户定义了模型各区域之间或模型区域与环境之间的力学和热学相互作用，如两个表面之间的接触关系。此外，还包括绑定约束、方程约束和刚体约束等。若未在此模块中定义接触关系，ABAQUS/CAE不会自动识别部件副本或装配件各区域之间的力学接触关系。用户还需指定相互作用所在的分析步。

（6）Load模块。该模块用于指定载荷、边界条件和场变量。这些载荷和边界条件与特定的分析步相关联，因此用户需要指定它们所属的分析步。部分场变量仅影响分析的开始阶段，而其他场变量则与分析步相关。

（7）Mesh模块。此模块提供了有限元网格的自动生成和控制工具，帮助用户根据分析需求生成合适的网格。

（8）Job模块。完成模型生成后，用户可以通过Job模块进行分析计算。该模块支持交互式提交作业、监控分析过程，并允许用户同时提交和分析多个模型。

（9）Visualization模块。此模块提供了有限元模型的图形展示和分析结果的可视化功能。用户可以从输出数据中获取模型和结果信息，并通过Step模块修改输出需求，以控制输出文件的存储内容。

（10）Sketch模块。在ABAQUS/CAE中，使用Sketch模块绘制二维轮廓线有助于生成部件的形状。用户可以直接生成平面部件、梁或子区域，也可以通过拉伸、扫掠、旋转等操作生成三维部件。

1.2.4 ABAQUS 分析模型

ABAQUS模型的核心组成部分包括多个部件，它们共同描述了物理问题的特性以及预期的分析结果。一个完整的分析模型应至少涵盖以下关键信息：精确的几何形状描述、明确的单元特性、详细的材料数据、适当的加载与边界条件设置、合适的分析类型选择及明确的输出要求。

几何形状方面，ABAQUS利用有限单元和节点来构建模拟的物理结构基础几何。单元作为结构的离散化部分，通过公共节点相互连接，共同构建整体模型。节点坐标和单元间的联结关系确定了模型的几何形状，这些单元和节点的集合构成了网格。网格是对实际结构几何形状的近似表达，其精度与单元类型、形状、位置及数量密切相关。网格越密集，即单元数量越多，分析结果通常越精确，但计算成本也会相应增加。

单元特性方面，ABAQUS提供了丰富的单元选择，部分单元的几何特性无法通过节点坐标完全定义，还需借助单元的物理特性来完整描述。这些附加数据对于构建准确的模型几何至关重要。

材料数据是模型中的另一关键要素。所有单元都必须根据其材料特性进行设定，但高质量的材料数据获取并不容易，特别是在处理复杂材料模型时。ABAQUS分析结果的有效性直接受限于材料数据的准确性和完整性。

加载和边界条件是模拟过程中不可或缺的部分。加载使结构产生变形和应力，包括点载荷、表面载荷、体力（如重力）和热载荷等形式。边界条件则用于约束模型的部分区域，防止其发生无限制的刚体运动。在静态分析中，必须施加足够的边界条件以防止模型在任意方向上的移动，否则，求解器可能会遇到问题而导致模拟过早结束。因此，正确解释和分析求解器发出的错误信息至关重要。

分析类型选择直接影响模拟结果的解读和应用。虽然大多数模拟问题属于静态分析，关注结构在长期载荷作用下的响应，但在某些情况下，如冲击载荷或地震响应等，动态分析更为合适。ABAQUS支持多种模拟类型，但本指南主要关注静态和动态应力分析这两种最常见的类型。

最后，输出要求涉及模拟计算过程中产生的大量数据。为节约磁盘空间，用户应根据需要限制输出数据的数量，确保数据能够充分说明问题结果。通常，使用ABAQUS/CAE作为前处理工具来定义模型所需的部件，从而优化整个建模和分析流程。

1.2.5 ABAQUS 工作界面

在Windows操作系统下，在"开始"菜单中单击ABAQUS/CAE，即可打开ABAQUS用户界面。ABAQUS用户界面如图1-2所示，各功能区的介绍如下。

（1）标题栏。显示当前ABAQUS版本及模型数据库名称。

（2）菜单栏。包含当前模块中的所有可用功能，与当前所选择的功能模块对应。

（3）工具栏。包含菜单栏中的一些常用工具，方便调用。

（4）环境栏。环境栏中的模块列表用于切换功能模块，其他列表与当前选择的模块相对应，分别用于切换模型（Model）、部件（Part）、分析步（Step）、结果文件（ODB）和草图（Sketch）。

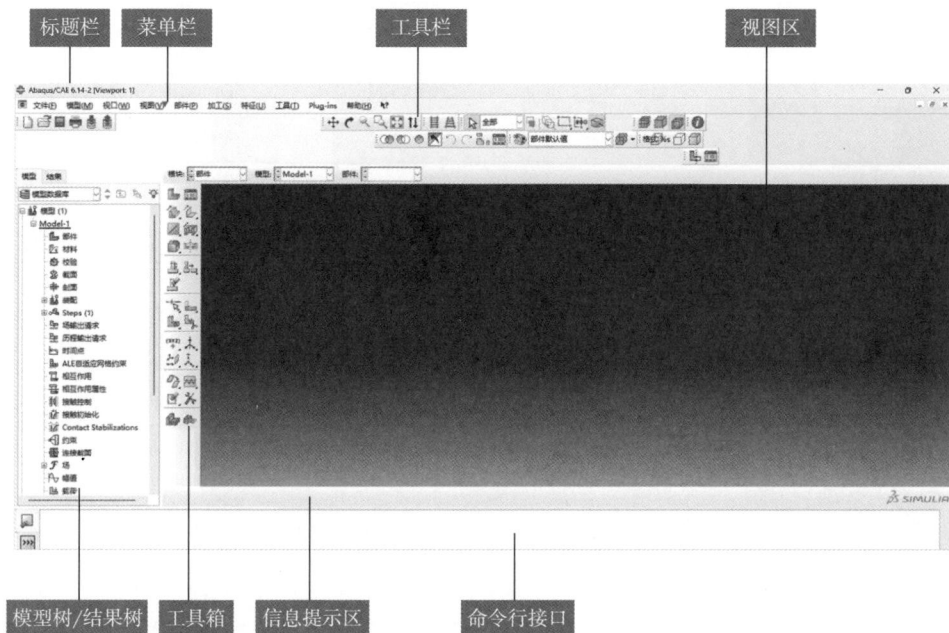

图 1-2　ABAQUS 的工作界面

（5）模型树/结果树。早在ABAQUS 6.6的版本中，界面中就增加了模型树/结果树，可通过模型或结果选项卡进行切换。模型树/结果树中包含所有的模型与分析任务，分类列出所有功能模块及重要工具。

（6）工具箱。列出与当前模块相对应的功能按钮，方便用户调用。

（7）视图区。显示模型与结果。

（8）信息提示区。用户进行操作时，此提示区会进行相应的提示，告诉用户如何进行下一步操作。

1.2.6　ABAQUS 单位制和量纲

与其他的有限元分析软件相同，ABAQUS在进行运算时并不会考虑单位或量纲的概念。因此，为了确保分析的准确性，用户在进行有限元分析之前，必须自行完成单位制的统一工作。ABAQUS的常用单位制见表1-1，这些单位需要用户根据分析需求，自行将相关的数据或资料进行换算和统一。值得注意的是，ABAQUS并不会自动对单位进行分辨或转换，这一任务完全依赖于用户的细心操作。

表 1-1　ABAQUS 的常用单位制

量纲	国际单位制 SI		英制单位制 US	
	米单位制	毫米单位制	英尺单位制	英寸单位制
长度	m	mm	英尺（ft）	英寸（inch）
时间	s	s	s	s
质量	kg	10^3kg	斯勒格（slug）	磅力·s^2/英寸（lbf·s^2/in）
载荷	N	N	磅力（lbf）	磅力（lbf）
应力	Pa/（N·m^2）	MPa/（N·mm^2）	磅力/英尺^2（lbf/ft^2）	磅力/英寸^2（lbf/in^2）
能量	J	mJ/10^3J	英尺/磅力（ft/lbf）	英寸/磅力（in/lbf）
密度	kg/m^3	mm^3	斯勒格/英尺^3（slug/ft^3）	磅力·s^2/英寸^4（lbf·s^2/in^4）

（1）基本物理量及其量纲如下。

①长度L。

②质量M。

③时间t。

④温度T。

（2）导出物理量及其量纲如下。

①速度：$v=L/t$。

②加速度：$a=L/t^2$。

③面积：$A=L^2$。

④体积：$V=L^3$。

⑤密度：$\rho=m/L^3$。

⑥力：$F=m·a=m·L/t^2$。

⑦力矩、能量、热量、焓等：$E=F·L=m·L^2/t^2$。

⑧压力、应力、弹性模量等：$P=F/A=m/（t^2·L）$。

注意：选择量纲时用户应考虑以下问题。

确定分析中使用的物理量的数量级，避免使数据出现过大或过小的情况。

同一个问题中所有物理量要保持一致，计算过程中尽量不要随意转换。

一般而言，先确定基本物理量再确定导出物理量。但实际情况下，用户也可以根据需要先确定导出物理量再反推基本物理量。

1.2.7 ABAQUS 坐标系统与自由度

ABAQUS的全局坐标系为笛卡尔坐标系，采用右手法则。用户可以自行定义局部坐标系以方便进行分析，以及进行结点、载荷、边界条件、线性约束方程、材料属性、耦合约束、连接器单元、ABAQUS/Standard中接触分析的滑动方向定义及变量输出等操作。局部坐标系可以是笛卡尔坐标系，也可以是柱坐标、球坐标，均采用右手法则。

如图1-3所示，ABAQUS定义了3个平移自由度与3个旋转自由度。在ABAQUS中平移自由度和旋转自由度的正方向规定如下。

①方向1的平移：U1。

②方向2的平移：U2。

③方向3的平移：U3。

④绕轴1的旋转：UR1。

⑤绕轴2的旋转：UR2。

⑥绕轴3的旋转：UR3。

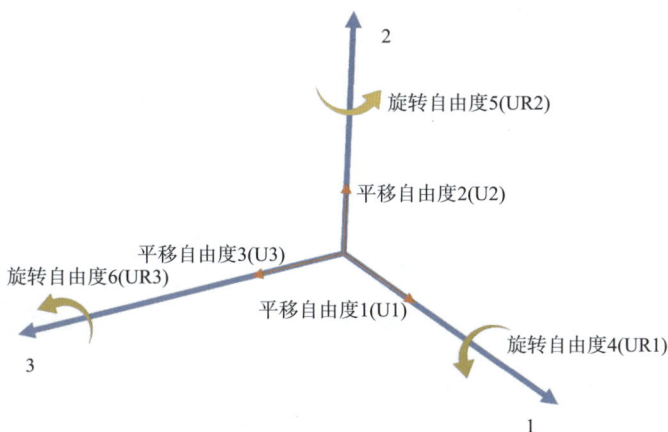

图1-3　ABAQUS 自由度定义

1.2.8 ABAQUS 文件系统

ABAQUS 运行过程中涉及的文件种类繁多，有数据库文件、用于输入或输出的文本文件、日志文件、信息文件、状态文件、用于重启与结果转换的文件等。此外，还有临时文件，该文件在运行时自动产生，完成后自动删除。ABAQUS文件系统各种类型文件的介绍见表1-2。

表 1-2 ABAQUS 的文件系统

文件类型	文件名及扩展名	说明	备注
数据库文件	模型数据库文件（cae 文件）	ABAQUS/CAE 中直接打开，包含几何模型、网格、荷等信息及分析任务等	
	输出数据库文件（odb 文件）	可在 ABAQUS/CAE 直接打开，也可以输入 cae 文件中作为部件或模型，包含在分析步模块中定义的场变量和历史变量输出结果，可以由可视化模块打开	
输入文件	inp 文件	文本文件，可以在作业（Job）模块中提交任务时或单击分析作业管理器中的 Write Inp 按钮在工作目录中生成。Inp 文件可以输入模型，也可以直接由 ABAQUS/Command 直接运行，inp 文件输入的模型只包含有限元模型而无几何模型	
	pes 文件	参数更改后重写的 inp 文件	
	par 文件	参数更改后重写的以参数形式运行的 inp 文件	
日志文件	log 文件	文本文件，运行 ABAQUS 的日志	
数据文件	dat 文件	文本文件，记录数据和参数检查、单元质量检查等信息，包含预处理 imnp 文件产生的错误与警告信息。包含用户定义的 ABAQUS/Standard 输入数据，ABAQUS/Explicit 的结果不会写入其中	
信息文件	msg 文件	记录计算过程中的平衡选代次数、参数设置、计算时间、错误与警告信息等	
	ipm 文件	启动 ABAQUS/CAE 分析时开始写入，记录从 ABAQUS/Standard 或 ABAQUS/Explicit 到 ABAQUS/CAE 的过程日志	
	pet 文件	模型的部件与装配信息	重启动分析时需要
	pac 文件	模型信息，仅用于 ABAQUS/Explicit	重启动分析时需要
状态文件	sta 文件	文本文件，包含分析过程信息	
	abd 文件	仅用于 ABAQUS/Explicit，记录分析、继续和恢复命令	重启动分析时需要
	stt 文件	运行数据检查时产生的文件	重启动分析时需要

文件类型	文件名及扩展名	说明	备注
状态文件	psr 文件	文本文件，参数化分析要求的输入结果	
	sel 文件	用于结果选择，仅用于 ABAQUS/Explicit	重启动分析时需要
模型文件	mdl 文件	ABAQUS/Standard 与 ABAQUS/Explicit 中运行数据检查产生的文件	重启动分析时需要
保存命令的文件	jnl 文件	文本文件，包含用于复制已存储的模型数据库的 ABAQUS/CAE 命令	
	rpy 文件	记录运行一次 ABAQUS/CAE 所运用的所有命令	
	rec 文件	包含用于恢复内存中模型数据库的 ABAQUS/CAE 命令	
重启动文件	res 文件	使用 STEP 功能模块进行定义	
脚本文件	psf 文件	用户定义参数化研究时需要创建的文件	
临时文件	ods 文件	记录场输出变量的临时运算结果，运行后自动删除	
	lck 文件	用于阻止并发写入输出数据库，关闭输出数据库时自动删除	

第2章

二维机织物拉伸性能有限元
分析案例

二维机织物有许多种类，按其组织结构分为三原组织、变化组织、联合组织、复杂组织。本案例主要围绕二维机织物中常见的三原组织结构：平纹、斜纹和缎纹，建立其拉伸性能的有限元模型。拉伸性能是织物基本的力学性能，是评定织物质量的重要指标。

2.1 案例背景

机织物拉伸性能的测试方法有扯边纱条样法、抓样法和切割条样法（图2-1）。扯边纱条样法是将一定尺寸的织物试样扯去边纱至规定的宽度（一般5cm），并全部夹入织物拉伸试验机夹钳内的一种测试方法。抓样法是将一规定尺寸的织物试样仅一部分宽度夹入夹钳内的一种试验方法。对部分针织品、缩绒制品、毡制品、非织造布、涂层织物及其他不易扯边纱的织物，采用切割条样法，切割条样法中织物形状可以是梯形或环形。

在进行三原组织机织物拉伸性能模拟时，选用模拟的测试方法是条样法。参考测试标准GB/T 3923.1—1997《纺织品 织物拉伸性能第1部分 断裂强力和断裂伸长率的测定 条样法》，织物的宽度设为5cm，长度为10cm。如图2-1（a）所示，织物的一端固定不动，另一端与一个刚体绑定并使刚体以一定的速度沿织物长度的方向运动，进行拉伸。

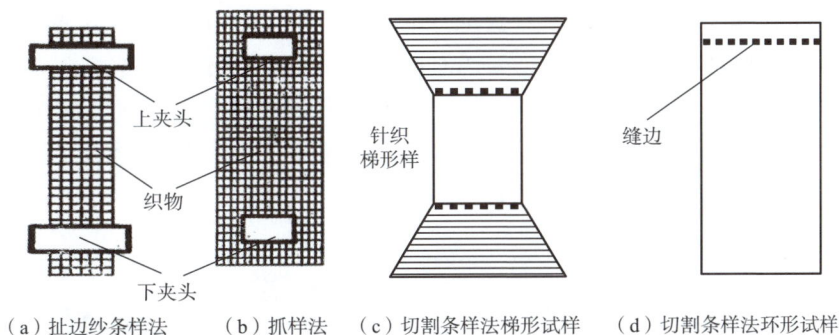

（a）扯边纱条样法　　（b）抓样法　（c）切割条样法梯形试样　（d）切割条样法环形试样

图 2-1　织物拉伸试验的试样及夹持方式

2.2　模型建立步骤

2.2.1　建立纱线和测试夹头部件

（1）平纹织物纱线部件。

本案例为平纹织物的拉伸性能模拟，设定经密和纬密相同，经纬纱横截面相同。ABAQUS无单位，所有数值默认使用统一国际单位制。新建模型的设置（建立模型和建立纱线部件）如图2-2和图2-3所示，使用扫掠的方式建

图 2-2　建立模型

图 2-3　建立纱线部件

立纱线部件，大约尺寸为创建的正方形草图的边长，足够容纳将要绘制的草图即可，点击继续后绘制的第一幅草图为扫掠路径的草图。选择创建圆弧：选择过三点的工具绘制纱线的屈曲。再使用旋转工具绘制平纹纱线的另一端弧，如图2-4所示。平纹纱线的一个重复周期长度见式（2-1）。

$$L=2 \times 0.001278=0.002556（m）\qquad（2-1）$$

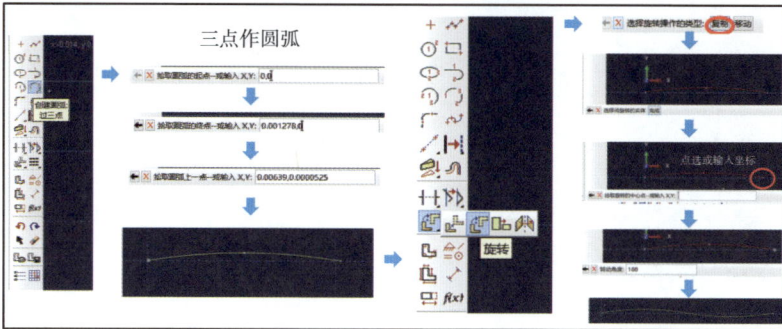

图 2-4 纱线的屈曲设计

经过阵列，按照所需要的长度，输入阵列个数，本案例平纹织物纱线的形态如图2-5所示，根据分析需要用线性阵列工具以一个重复周期长度进行阵列，再使用创建线：首尾相连工具和自动裁剪工具截取至所需长度。点击完成按钮完成扫掠路径草图。

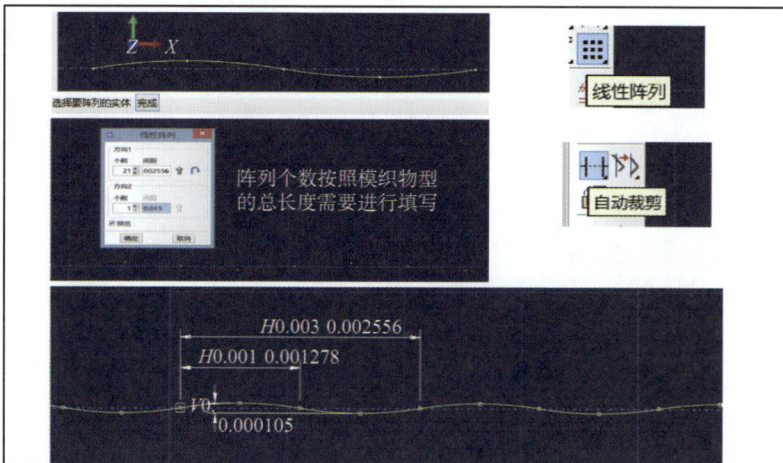

图 2-5 纱线的路径草图

纱线的截面设为凸透镜型，输入横截面草图大致尺寸，绘制截面草图，形成纱线截面的两个圆弧仍采用创建圆弧：过三点工具进行绘制，如图2-6所示。同样作三点圆弧并使用镜像工具复制，点击完成后生成纱线。图2-7为最后绘制成的平纹纱线部件。平纹织物经纬纱组织循环数相同，相邻纱线呈镜面对称，其组织循环数为2，因此，在创建纱线的部件时，仅各需创建两根经纱部件和两根纬纱部件。

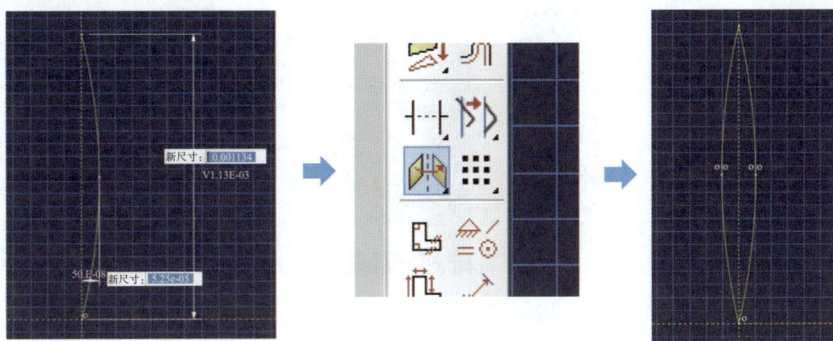

图 2-6　纱线截面的绘制

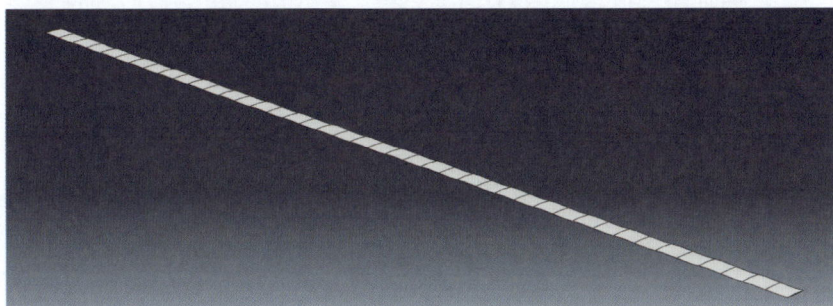

图 2-7　平纹织物纱线部件

在建立纱线部件时，应考虑到装配时在三维空间坐标系中的放置问题。在本案例中，经向、纬向位于X轴、Z轴织物边缘的纱线将额外建立横截面为1/2的纱线作为最初放置的首根纱线，如图2-8（a）所示［注：1/2经纱和1/2纬纱截取的方向不一样，如图2-8（b）所示］。

（2）斜纹织物纱线部件。

本案例为 $\frac{3}{1}$ 的斜纹织物，与平纹织物模型的绘制方法近似，同样使用创

（a）1/2纱线　　　　（b）经向(沿X轴)1/2纱线　　　　（c）纬向(沿Z轴)1/2纱线

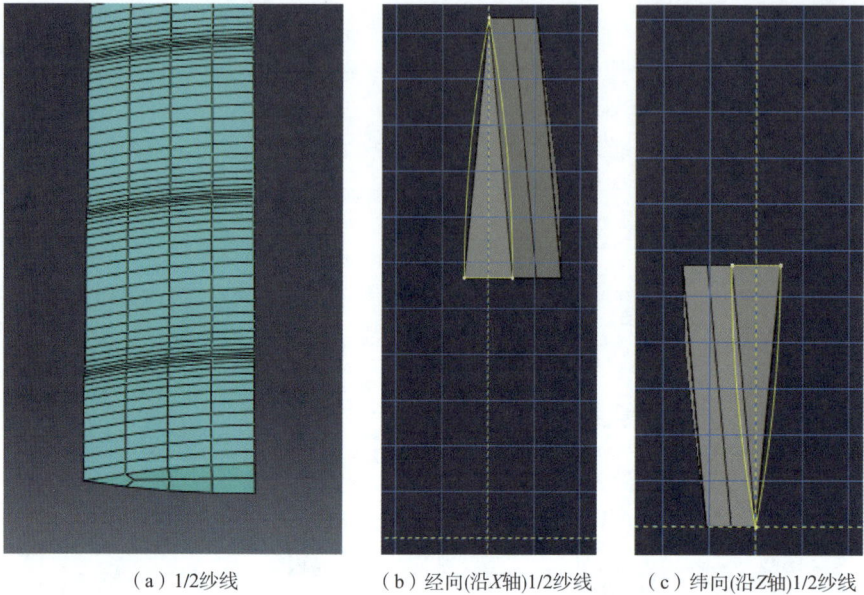

图 2-8　最初放置的首根纱线

建圆弧，过三点工具作圆弧，并使用创建线，首尾相连工具和自动裁剪工具裁剪一半，作为基本弧线如图2-9（a）所示。使用旋转、镜像工具，完成斜纹的一个屈曲长度（0.002556），如图2-9（b）所示。此斜纹结构为$\frac{3}{1}$，因此一个重复周期长度，见式（2-2）。

$$L=4 \times 0.001278=0.005112（\text{m}）\tag{2-2}$$

相邻屈曲间的0.002556m的间隔用创建线（首尾相连作直线）连接，如图2-9（e）所示。根据分析需要用线性阵列工具以一个重复周期长度进行阵列，再使用创建线：首尾相连工具和自动裁剪工具截取至所需长度。在此斜

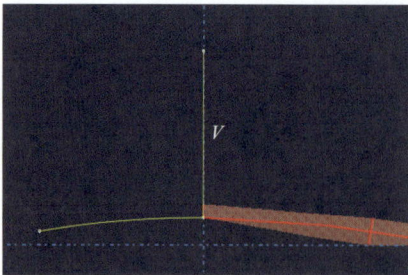

（a）截取基本圆弧　　　　　　　　　　（b）完成一个屈曲

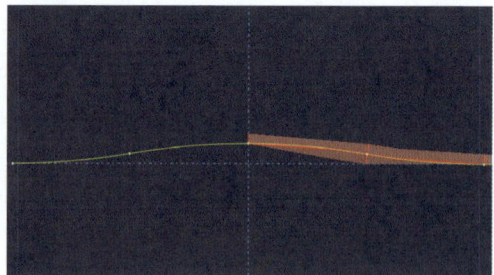

（c）经向1～4号纱线　　　　　　　　　　（d）纬向1～4号纱线

（e）纱线路径尺寸图

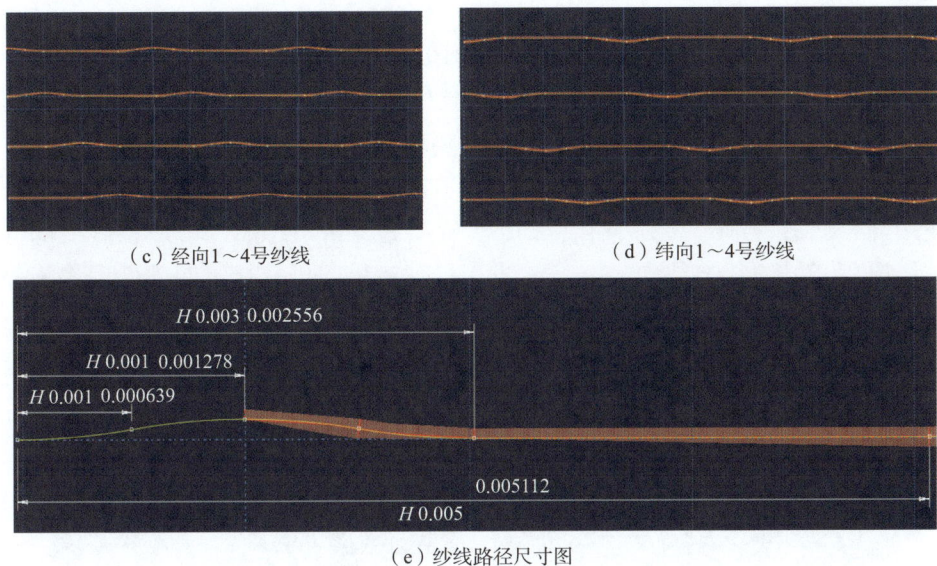

图2-9　斜纹织物纱线扫掠路径图

纹结构中相邻纱线间在伸长方向的差异为1/4周期长度（0.001278）。纱线的横截面与平纹使用同一凸透镜形，参见本案例2.1.1。需要建立经纱4根，纬纱4根纱线部件。（经向1～4号纱线与纬向1～4号纱线互呈轴对称，可直接复制部件后将扫掠路径镜像截取合适的长度使用，如图2-9（c）和（d）所示。

在建立纱线时，应考虑到装配时在三维空间坐标系中的放置问题。与平纹织物一样额外建立经纬向首根纱线的1/2纱线，如图2-10所示。

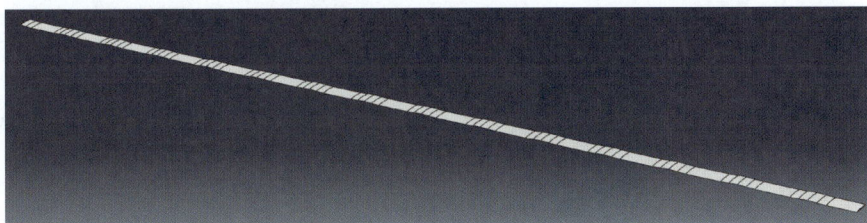

图2-10　斜纹织物纱线模型

（3）缎纹织物纱线部件。

本案例为八枚三飞经面缎纹，同样使用创建圆弧：过三点工具作圆弧并进行切割拼接，完成屈曲部分同斜纹，长度为0.002556m。此缎纹结构为八枚三飞经面缎纹，因此一个重复周期长度，见式（2-3）。

$$L=8 \times 0.001278=0.010224（\text{m}）\quad\quad（2-3）$$

相邻屈曲间的0.002556m的间隔用创建线连接。根据分析需要用线性阵列工具以一个重复周期长度进行阵列，再使用创建线。在此缎纹结构中相邻纱线间在伸长方向的差异为3/8周期长度（0.003834m）。纱线的横截面与平纹使用同一凸透镜形，参见本案例2.1.1。需要建立经纱8根，纬纱8根纱线部件（经向1～8号纱线与纬向1～8号纱线互呈轴对称，可直接复制部件后将扫掠路径镜像后截取合适的长度使用）。

在建立纱线时，应考虑到装配时在三维空间坐标系中的放置问题。与平纹织物一样额外建立经、纬向首根纱线的1/2纱线，如图2-11和图2-12所示。

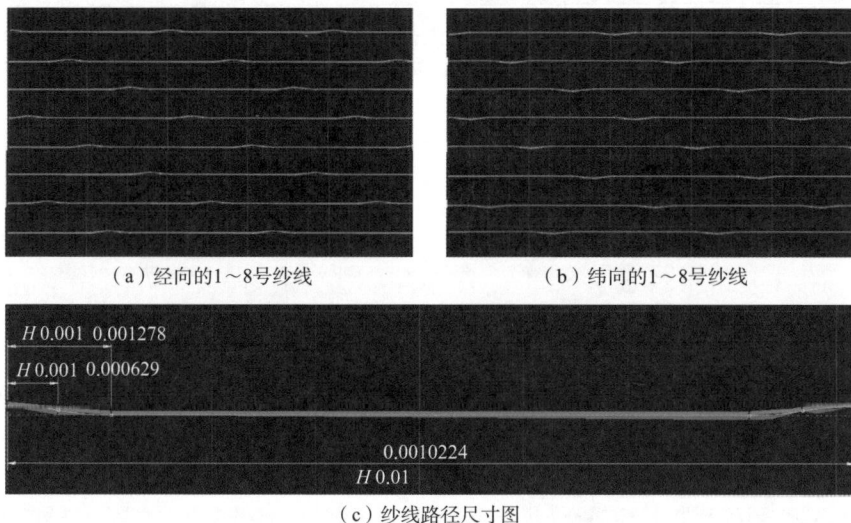

（a）经向的1～8号纱线　　　　　　　　（b）纬向的1～8号纱线

（c）纱线路径尺寸图

图2-11　缎纹织物纱线扫掠路径图

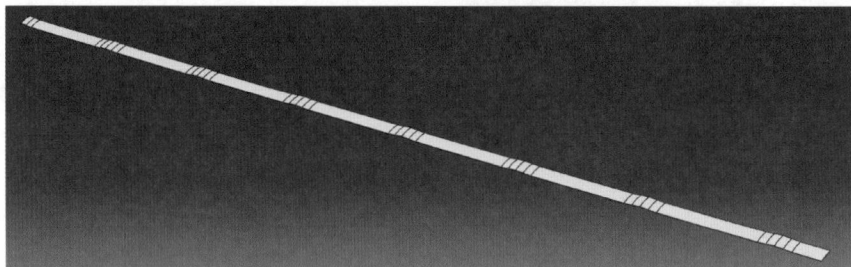

图2-12　缎纹织物纱线模型

（4）拉伸夹头部件。

根据织物拉伸端部的宽度与厚度尺寸（0.05m/0.00021m），以拉伸的类型创建一个长方体部件作为测试工具—拉伸夹头，拉伸深度适当即可。该部件在拉伸方向上的中心位置定义一个参考点，便于定义刚体与定义运动，拉伸部件如图2-13所示。

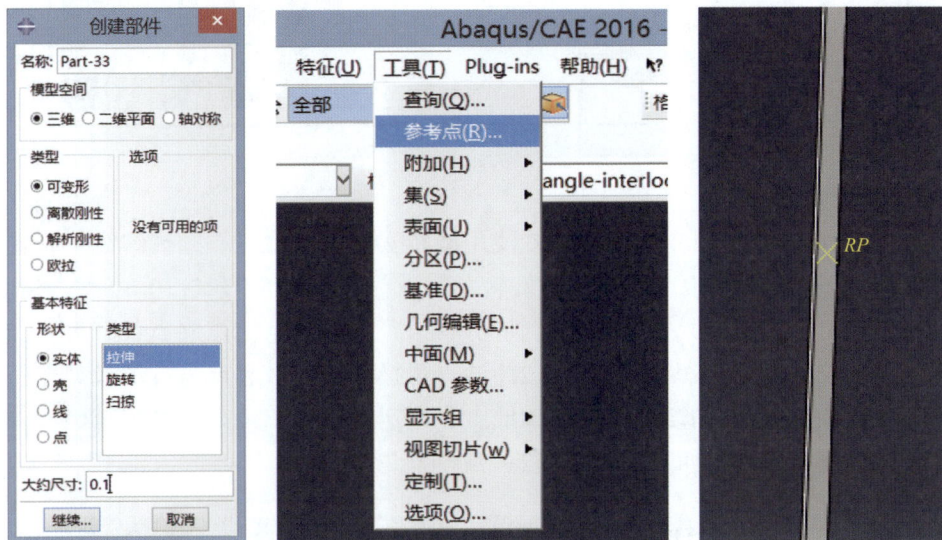

图 2-13　拉伸夹头部件

2.2.2　装配织物和测试夹头

（1）装配平纹织物。

平纹织物是由一根一根的纱线拼接而成。使用实例功能，点击实例功能，从部件中选择在部件功能下创建的两根经纱部件和两根纬纱部件，创建纱线实例后，在三维坐标系中将使用平移、旋转等工具。

首先创建1/2实例纱线部件，在部件中扫掠生成时是沿X轴绘制的，因此，添加的纱线实例最初也是平行于X轴的。在2.1中纱线绘制时，首根纱线为1/2纱线。因为1/2纱线的中部也为纱线厚度最大的位置，而此处的纱线草图切线的法线与Y轴平行，即纱线端部处表面垂直于XOZ平面，该表面最高点即1/2纱线的首端表面最高点为整个织物在Y轴上的最高点。使用平移工具选择该点移动到原点。平移实例工具，选择纱线→选择平移向量起点为最高点→

选择平移向量终点为原点→确定，如图2-14所示。

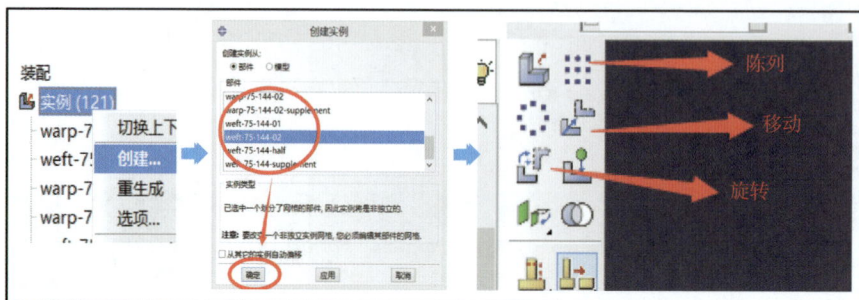

图 2-14　纱线实例的生成

创建1/2纬纱实例，需先将纬纱使用旋转实例工具旋转。选择纱线→旋转轴起始点输入原点（0，0，0）→旋转轴终点为输入点（0，1，0）→输入旋转角度270°→确定（只要保证旋转轴向量平行于Y轴，起始点终点任意）。如同经纱一样使用平移工具，选择1/2纬纱→选择平移向量起点为首端最高点→选择平移向量终点为1/2纱线首端最低点→确定，将首端最高点平移至经纱首端最低点完成交织，如图2-15～图2-17所示。

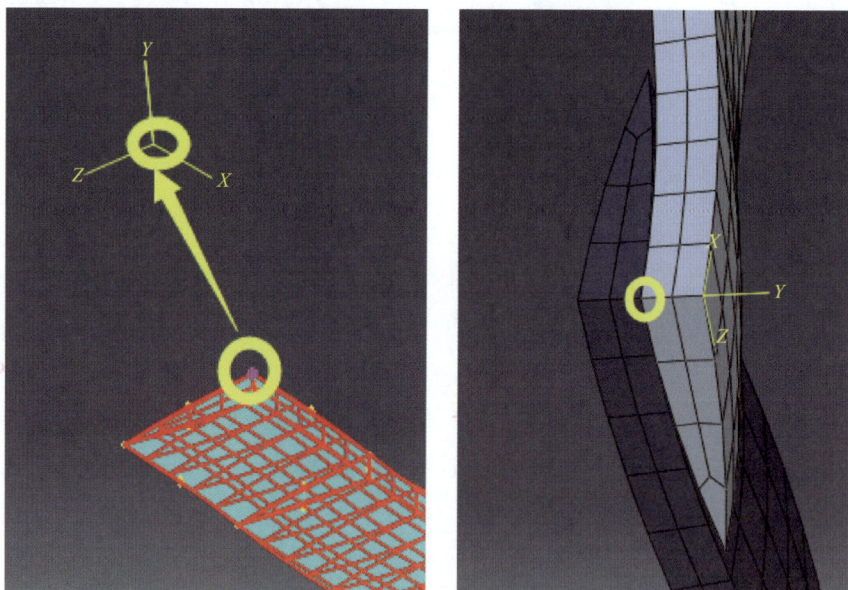

图 2-15　平移和旋转实例

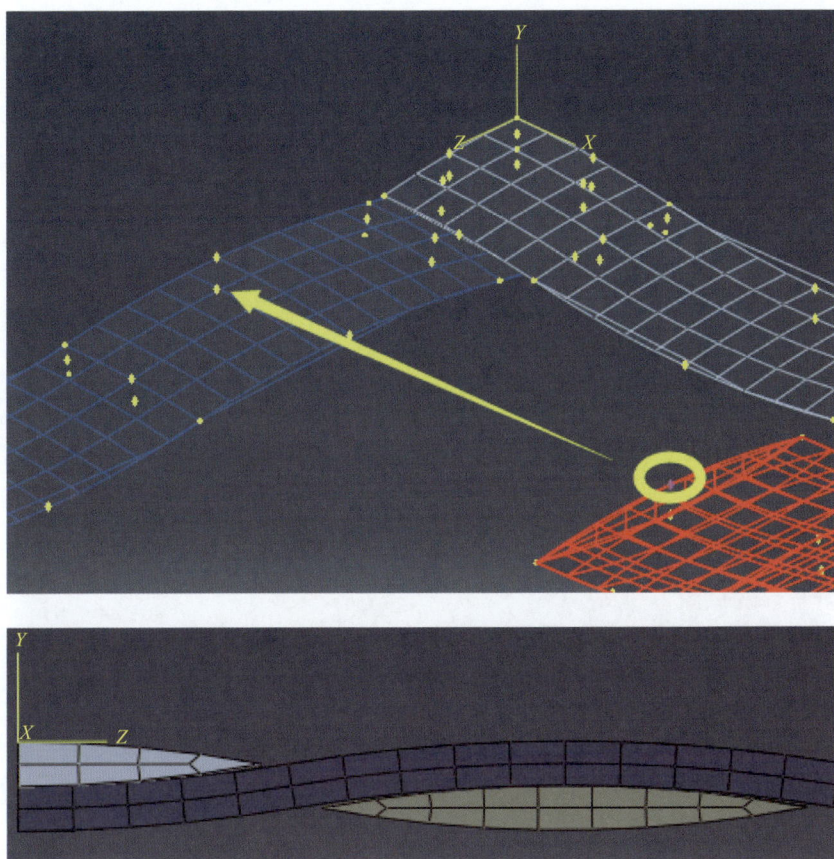

图 2-16　纱线的移动

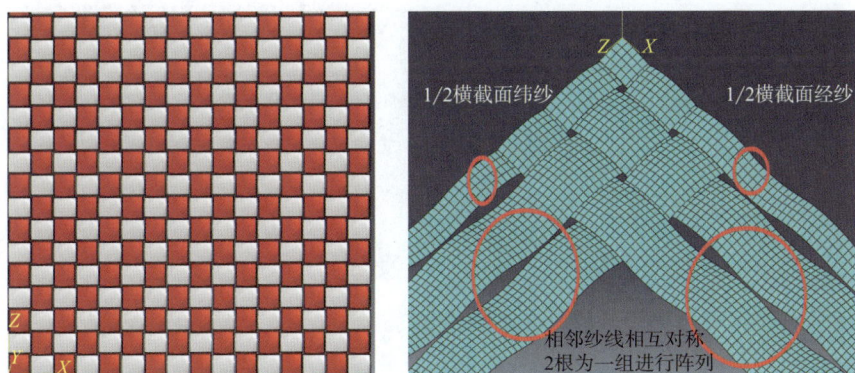

图 2-17　纱线的组装

放置第二根经纱，同样因为1/2纱线的截面，即为纱线厚度最大的位置，将其末端最高点平移到1/2纬纱的屈曲（拱起）最低点。按次序将所有基本纱线部件放置在合适的位置并与其他部件组装成分析所需要的装配体模型，如图2-18所示。最后将一个周期重复的基本纱线阵列，使用方法同草图的阵列，阵列间距L=需阵列的基本纱线数 × 0.001278，如图2-19所示。

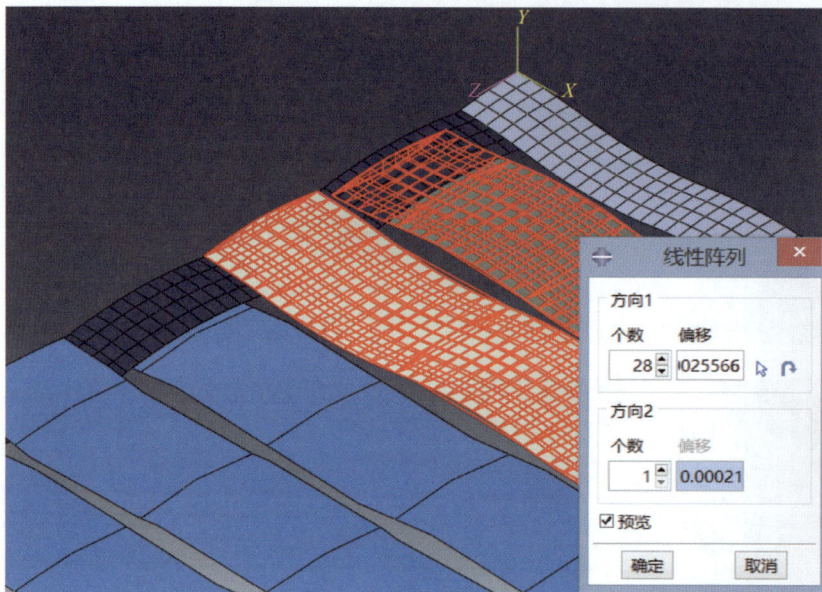

图 2-18　纱线的阵列

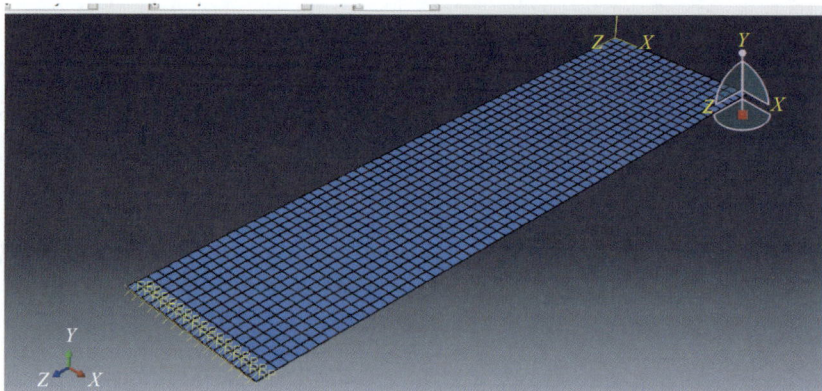

图 2-19　平纹织物的外观图

（2）装配斜纹织物。

按照 $\dfrac{3}{1}$ 斜纹的织物结构，将画好的1/2纱线与4根斜纹经纱和4根纬纱进行放置。放置方法与平纹同理，需要注意的是。在没有屈曲弧带来的节点的情况下，需手动计算坐标进行放置。将纱线平移到末端与1/2纱线重合，如图2-20所示第4根纱线位置的经纱，且首端处于交织下部，使用平移工具，选择纱线→输入平移向量起点（0，0，0）→输入平移向量终点（0，-0.000105，0.003834）→确定，即向下（Y轴）移动一个纱线的厚度，向Z轴正方向移动3个纱线位置（0.003834=3×0.001278）。放置好4根之后，再使用阵列功能，设置间距为0.005112m沿Z方向和X方向进行阵列，数量根据所需要的拉伸测试长度而定，形成斜纹织物，如图2-20所示。

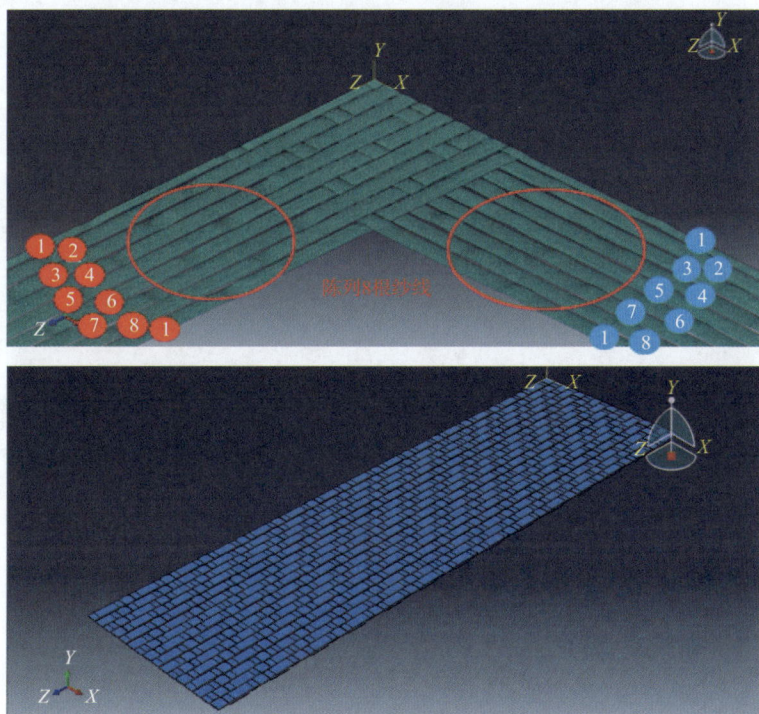

图 2-20　$\dfrac{3}{1}$ 斜纹织物外观图

（3）装配缎纹织物。

按照八枚三飞经面缎纹的组织结构图，将画好的经纬向1/2纱线与8根缎纹经纱和8根经面缎纹纬纱进行放置。放置方法同斜纹织物。按照对应的位置放置好后，再采用阵列功能，选好经向8根经纱，设置间距为0.010224m沿X方向进行阵列，纬纱以同样的间距沿Z方向进行阵列。阵列的数量根据所需要的拉伸测试长度而定，形成缎纹织物，如图2-21所示。

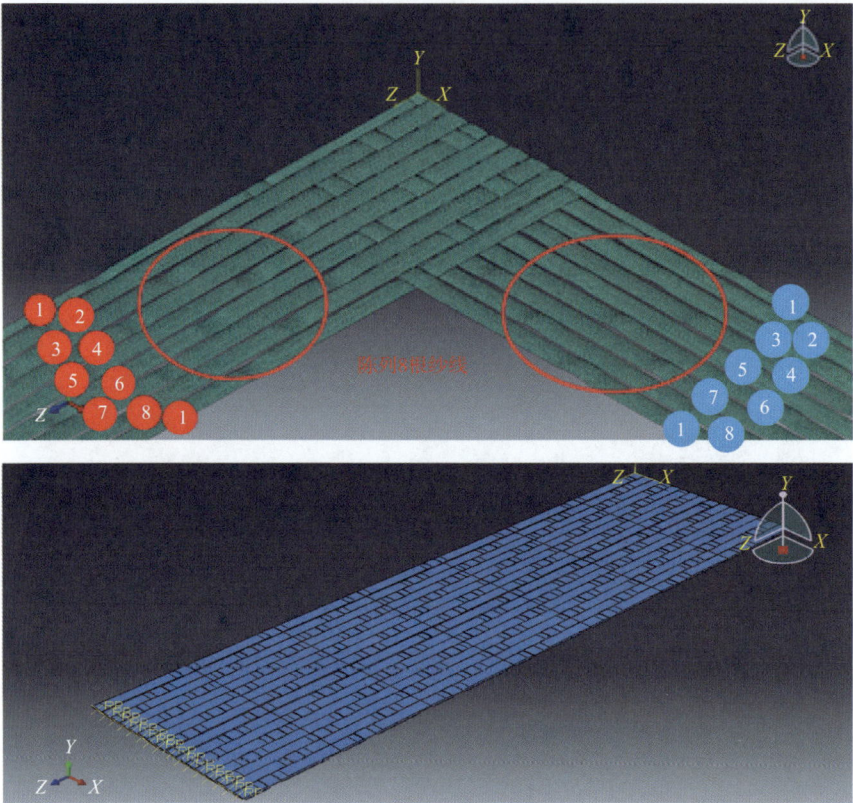

图 2-21　缎纹织物外观图

（4）放置夹头。

在装配中将夹头参考点的表面朝外，另一面贴在织物的末端以设置绑定的约束。

2.2.3　设置分析条件

（1）赋予材料属性与截面。

材料的属性设置：需要创建一种带有各种性质的材料，并使用这种性质，创建一种匀质的截面，并在每一个部件的截面指派中，指派这种截面，赋予部件定义材料的性质。即材料属性设置→设置截面→部件截面指派，如图2-22所示。

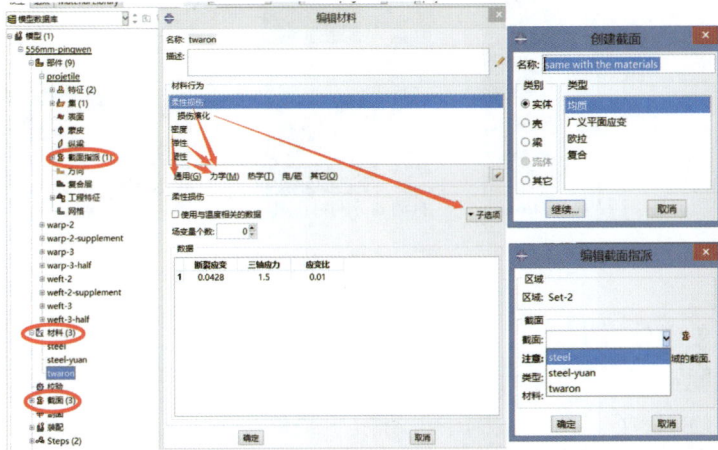

图 2-22　材料的属性设置

材料属性的设置中，依次设立纱线的密度、模量、塑性、损伤演化力学性能参数。纱线材料选择后，创建截面，选择材料类别为实体/匀质。然后点击继续，选择相应的纱线力学性能参数。然后点击截面指派功能键，选择其中一根纱线，再截面下拉框里选择已设立好的纱线截面。创建的集合无须重命名，部件与装配中的集的管理是相互独立的，每个部件下有单独的集的管理。

（2）划分网格。

在ABAQUS模拟运算时，是通过计算每个细小的网格中发生的变化来反映整个模型的变化情况，因此，网格的划分有十分重要的意义。每一个部件需要单独划分网格。对部件特征进行改动后原有网格会失效，需要重新划分网格。可以通过双击右图圈中网格（空）字符，切换到对应部件的网格页面；或是打开对应部件后，在模块选项中切换到部件的网格模块。

图2-23纱线的网格设置的工具是对全局布种，种子是图2-23黄色纱线周围的白色圆形。种子的密度决定了网格的大小，近似全局尺寸中数字越小，模型边上的种子越密集，生成的网格单元储存越小。通常模型显示为黄色/绿色时可以通过为部件划分网格工具自动划分六边形网格，粉色代表模型难以划分六边形网格，需在指派网格控制属性中改为四面体，显示为橙色则无法

自动划分网格。设置好后，点为部件划分网格，确定后生成网格。

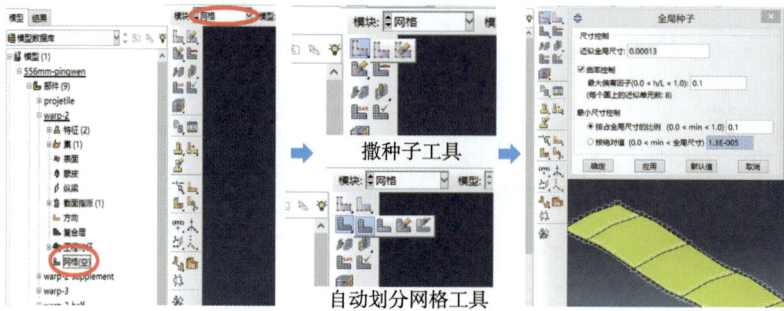

图 2-23　纱线的网格设置

（3）创建分析步。

分析历程的每一次条件变化为一个分析步。可以根据分析过程中的变化改变分析步的种类。但在案例中没有发生条件变化，拉伸、顶破、冲击模拟仅需一步。因此需要创建Step-1。目前已有默认的Initial（初始状态），新建通用类型中的动力，显式分析步Step-1，根据预估拉伸断裂伸长于拉伸速度设置分析时间长度。完成后，会自动生成一个默认的场输出请求和历程输出请求，如图2-24所示。

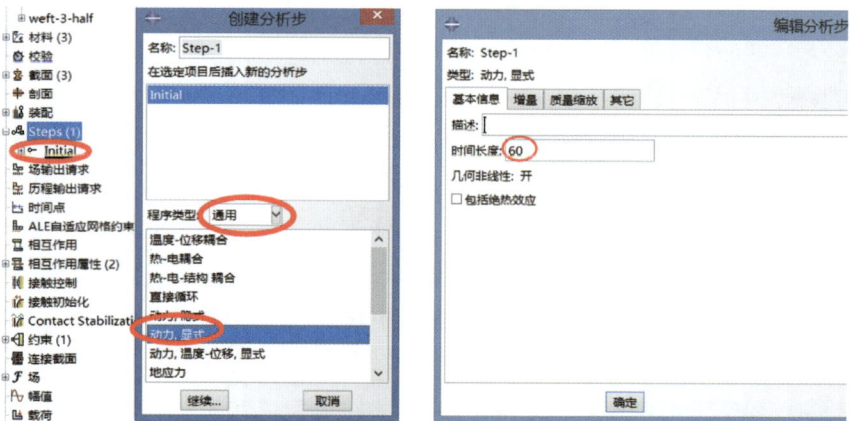

图 2-24　创建分析步

（4）设置相互作用。

创建相互作用之前，需要先定义相互作用属性，在通过指派到全局或部分模型产生作用。创建相互作用属性→接触→继续→力学→切向行为→输入静摩擦系数、动摩擦系数与衰减系数。在下方定义栏中输入需要的动静摩擦系数与衰减系数，即完成了一种摩擦力的相互作用定义，如图2-25所示。

图 2-25　创建相互作用属性

创建相互作用，选择通用接触。此作用仅在Step-1中存在，因此选择分析步Step-1。对表面在全局属性指派中选择创建的摩擦相互作用属性。完成对分析中全局摩擦力的设置，如图2-26所示。

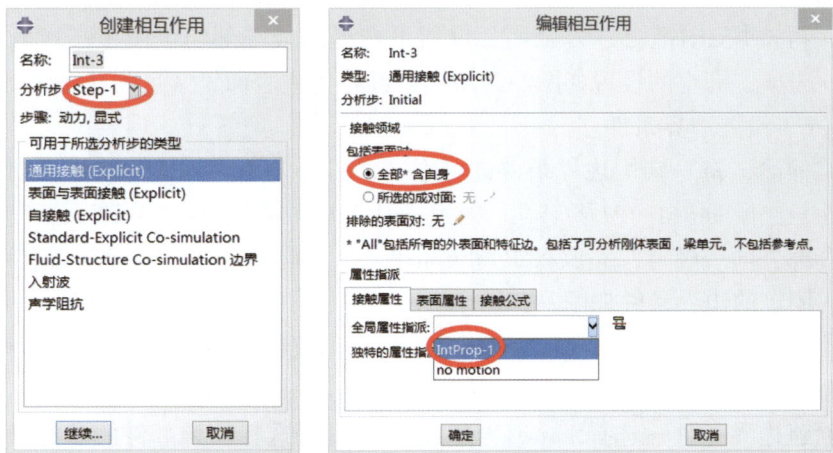

图 2-26　全局摩擦力的设置

（5）设置约束。

在分析过程中，为了避免因测试工具发生形变对模拟造成影响，以及减少模拟计算量。应将测试工具定义为刚体，创建约束→刚体→区域类型体（单元）→右边的编辑选择箭头→选择测试工具的模型→点：（无）右边的箭头选择测试工具的参考点→确定，刚体的设置如图2-27所示。

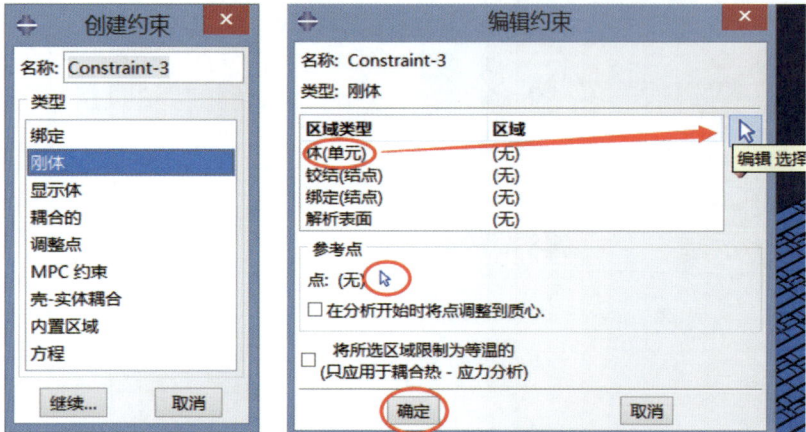

图 2-27　刚体的设置

拉伸测试中需将拉伸工具与织物一端固定。创建约束→绑定→表面→为主表面选择的区域（点击选择测试工具与纱线端部接触的表面）→完成→为从表面选择的区域（从俯视图框选纱线端部与测试工具的接触面部分的所有面，再按住Ctrl键去选多余面，仅留下选择纱线端部与测试工具接触的表面）→完成，绑定的设置如图2-28所示，红色为主表面，紫色为从表面。

（6）设置边界条件。

拉伸测试将一端用边界条件进行固定，另一端用刚体进行拉伸。创建边界条件→选择Step-1→位移/转角→继续→从俯视图框选织物端部表面→完成→勾选全部方向→确定，完成将织物端部在三个方向上的位移和转动固定为0的设置，固定的边界条件如图2-29所示。

拉伸测试有一个速度从0到匀速的过程，创建幅值→选择表→继续→创建一个短时间内幅值从0到1的变化，幅值的设定如图2-30所示。

创建边界条件→选择Step-1→速度/角速度→选择拉伸部件的参考点→完成→勾选全部方向→将拉伸方向速度$V3$（Z轴）设置为拉伸速度→选择创建的

幅值→确定，拉伸的边界条件如图2-31所示。

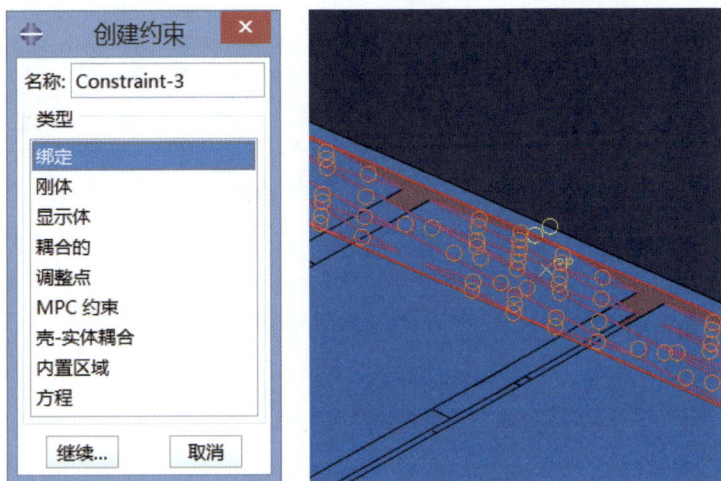

图 2-28　绑定的设置

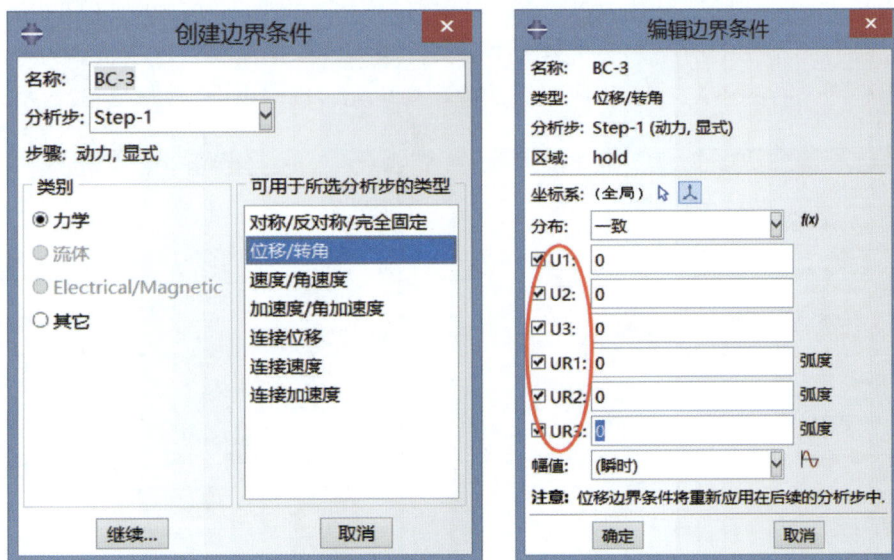

图 2-29　固定的边界条件

（7）设置输出。

设置的场输出和历程输出决定了能得到的模拟数据，在提交分析前应仔

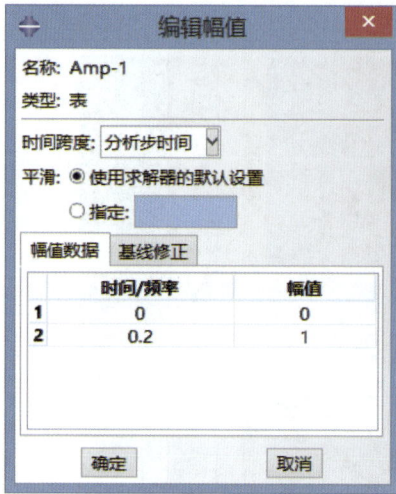

图 2-30　幅值的设置

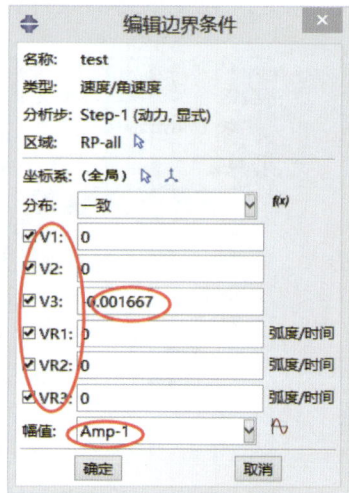

图 2-31　拉伸的边界条件设置

细检查。场输出的数据用于模型绘图（变形图、云图等）。场输出的作用域设置为整个模型。频率设置为每隔x个时间单位输出。设置的x值为时间的间隔大小。总时间不变的情况下，间隔越小，文件越大，根据需要自行调整。另外场输出中需勾右图STATUS，以删除失效模型中单元，场输出设置如图2-32所示。

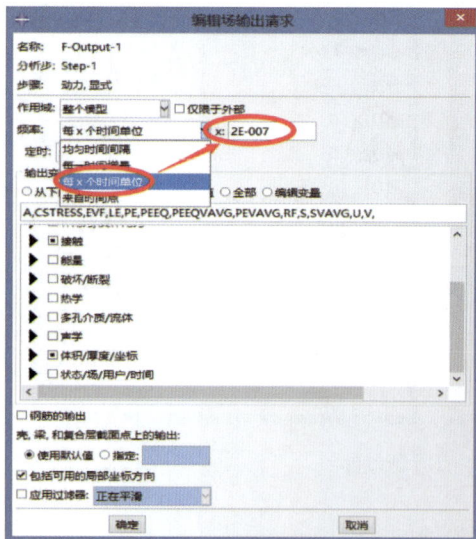

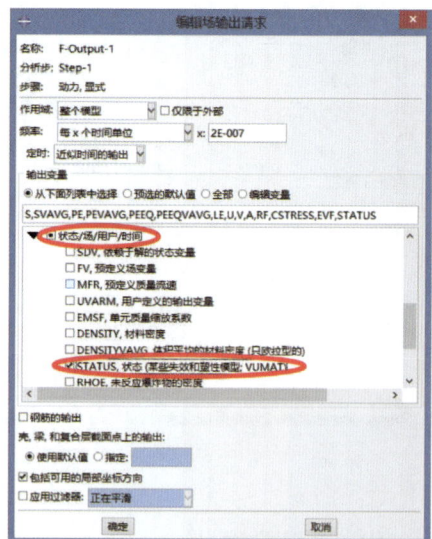

图 2-32　场输出设置

历程输出的数据用于 X—Y 绘图，输出作用域内在模拟过程中随时间变化的各项参数。这里的作用域可以根据输出数据需求来选取，通常选择设置的集为作用域。需要注意的是能量的输出，集的类型应选择单元（网格），而集的类型只能在创建时决定。历程输出设置如图2-33所示。

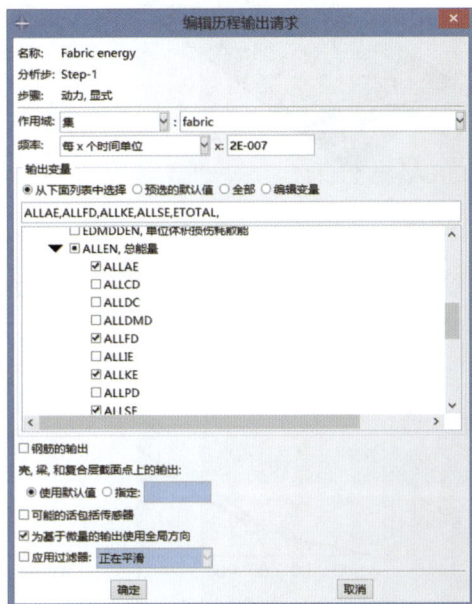

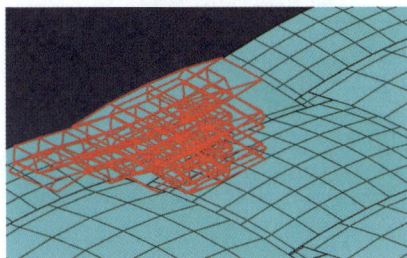

集的类型为单元(element)时编辑集

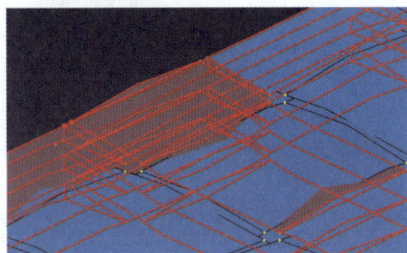

集的类型为几何(geometry)时编辑集

图 2-33　历程输出设置

在二维机织物的拉伸测试中，需要设置能量吸收与纱线应力的历程输出。

2.3　结果分析

在相同的经纬纱密度和纱线细度的情况下，因为平纹织物在单位长度内的交错次数最多，斜纹次之，缎纹最少，因此，平纹织物的拉伸断裂应力最大，斜纹次之，缎纹最小，如图2-34所示。在保证其他条件一致的情况下，织物组织的改变对于三原组织的拉伸性能而言，平纹织物拉伸强力最高，斜纹次之，缎纹最差。

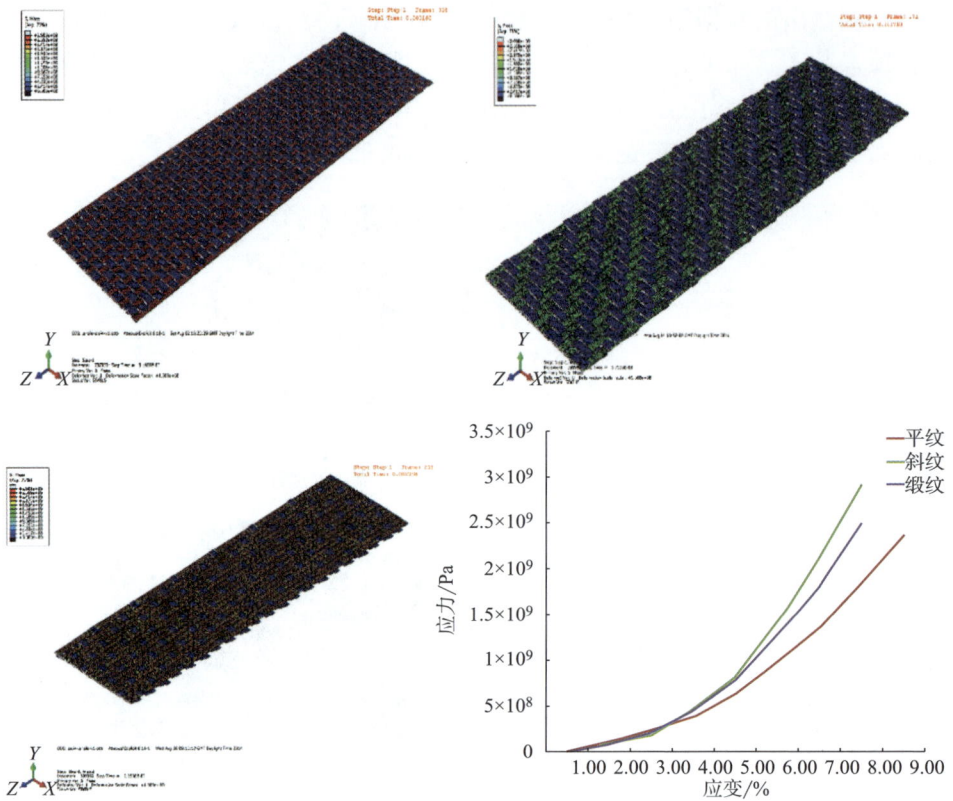

图 2-34　平纹、斜纹、缎纹织物的拉伸性能模拟分析

　　根据此结论，在实际面料开发过程中，对于强力要求比较高的织物，如雨伞、箱包等，应选用平纹织物，对于强力要求一般，如床单，可以选用斜纹布。其余强力要求不高的，仅对其光泽要求比较高的，可选用缎纹织物。

第3章

二维机织物顶破性能有限元分析案例

在二维机织物的力学性能中，顶破性能是其中之一。织物在顶破过程中的受力与服装在人体肘部、膝部的受力，手套、袜子、鞋面在手指或脚趾处的受力相似，因此顶破试验可以提供织物多向强伸性能特征的信息。本案例主要围绕二维机织物中的三原组织结构：平纹、斜纹和缎纹，建立其顶破性能的有限元模型。

3.1 案例背景

顶破的测试方法包括弹子式和气压式两种方法，弹子式主要是顶破性能，气压式主要是测试其胀破性能。本案例主要模拟弹子式顶破试样。国家标准GB/T 19976—2005《纺织品　顶破强力的测定　钢球法》规定织物的顶破性能试验采用弹子式顶破试验仪。织物顶破试验仪原理示意图如图3-1所示，其主要结构与织物拉伸试验机相似，用一对支架取代上下夹头，上支架是带有钢球头端的顶杆；下支架是装有环形试样夹，可作匀速下降、施力。实验时将圆形试验样夹在环形夹具内，当下支架下降时，固定于上支架的顶杆上的钢球向上顶压试样，直至试样顶破。由仪器的强力刻度盘读出顶破强力。它是弹子作用到织物上使之顶裂破坏的最大压力P。

在进行三原组织机织物的顶破性能模拟时，模拟采用近似弹子式顶破试验仪的测试方法。参考测试标准GB/T 19976—2005《纺织品　顶破强力的测定　钢球法》，织物的长度设为7.5cm，宽度为7.5cm。为使减少模拟的计算量，在维持织物与钢球相对运动的前提下，将织物固定在夹具中不动，使钢球以一定速度向织物运动，进行顶破。

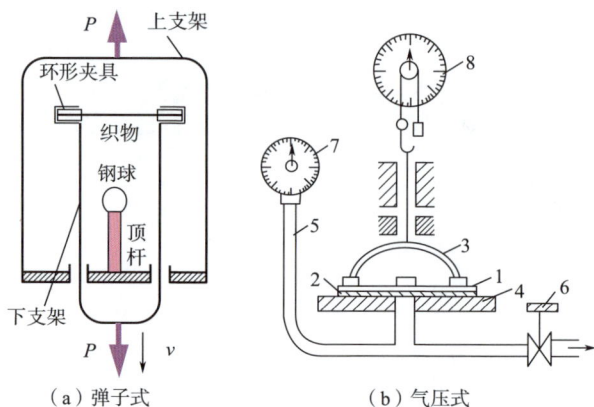

（a）弹子式　　　　　　　（b）气压式

图 3-1　织物顶破试验仪原理示意图

1—试样　2—衬膜　3—半圆罩　4—底盘
5—空气管道　6—阀门开关　7—强度压力表　8—伸长表

3.2　模型建立步骤

3.2.1　建立纱线和测试工具部件

（1）织物纱线部件。

顶破测试使用的是0.075m×0.075m大小的织物，与拉伸测试中的经纬纱线长度不同，可沿用部件并修改纱线扫掠路径草图中调整一个重复周期的阵列数量和末端截取位置。重生成部件，以节省操作。详细参见2.2.1（1），建立织物纱线部件。

（2）测试工具部件。

参考测试标准GB/T 19976—2005《纺织品　顶破强力的测定　钢球法》的测试工具数据，如图3-2所示，顶破测试的有效面积为0.045m²。以旋转的类型创建一个钢球部件，旋转草图沿对称轴作半径为0.0125m的封闭半圆，旋转角度360°，钢球部件如图3-3所示。使用拉伸的类型创建内径为0.0275m的圆环夹具部件，外径与厚度根据需要调整。在圆心定义一个参考点（RP），便于定义刚体。夹具部件如图3-4所示。

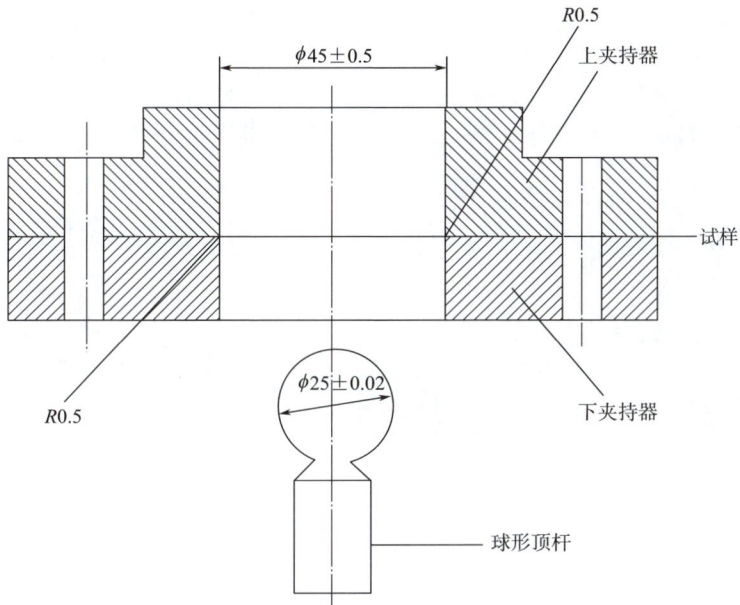

图 3-2　钢球法测定织物顶破强力的示意图（单位：mm）

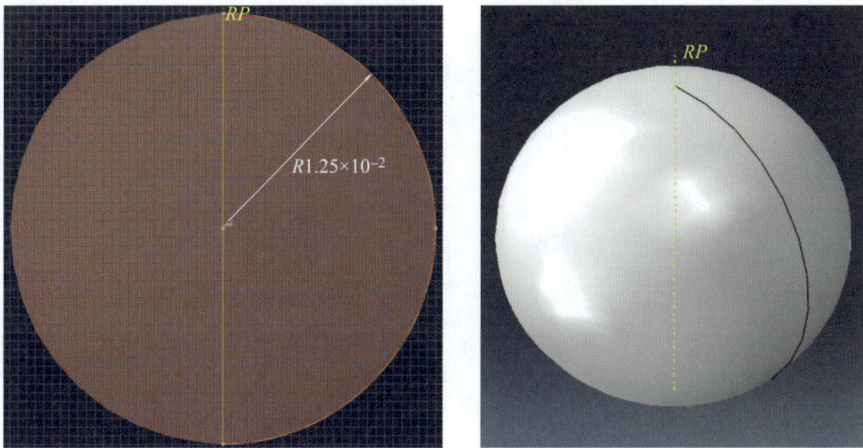

图 3-3　钢球部件

3.2.2　装配织物和测试工具

（1）装配织物。

参见2.2.2，装配纱线模型成平纹织物、斜纹织物以及缎纹织物。

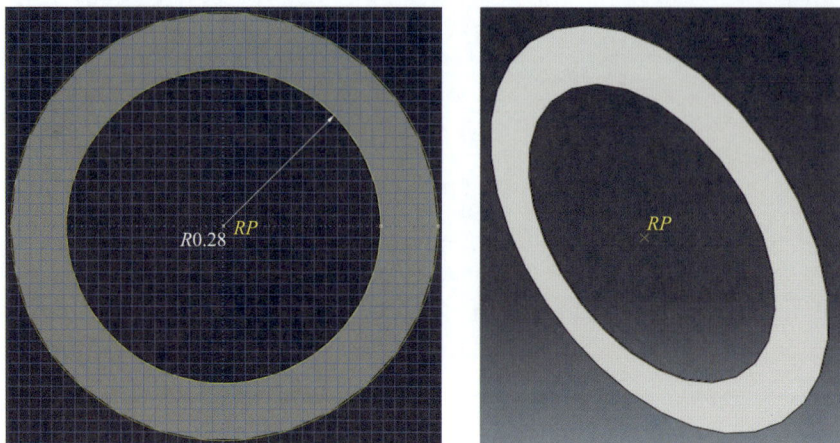

图 3-4　夹具部件

（2）装配测试工具。

在实例中加入两个圆环夹具部件、一个钢球，计算织物中心的位置，使用平移和旋转工具，将两个夹具放置在与织物上下表面中心，将钢球参考点平移至织物上表面中心，测试工具的放置如图3-5所示。

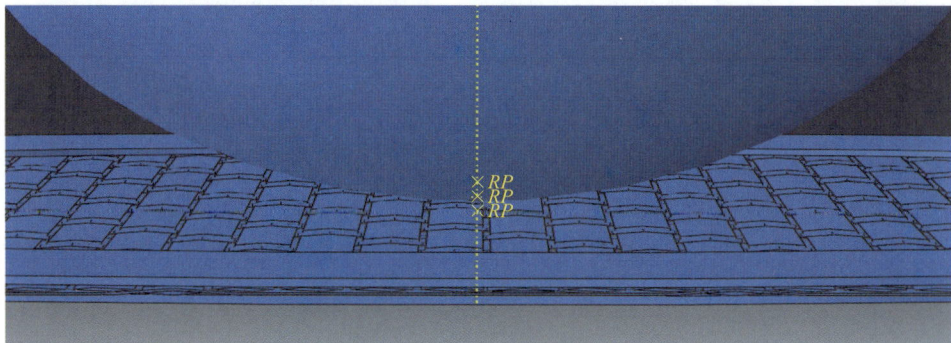

图 3-5　测试工具的放置

3.2.3　设置分析条件

（1）赋予材料属性与截面。

材料的属性设置：需要创建一种带有各种性质的材料，并使用这种性质，创建一种匀质的截面，并在每一个部件的截面指派中，指派这种截面，赋予部件定义材料的性质。即材料属性设置→设置截面→部件截面指派，材料的属性设置如图3-6所示。

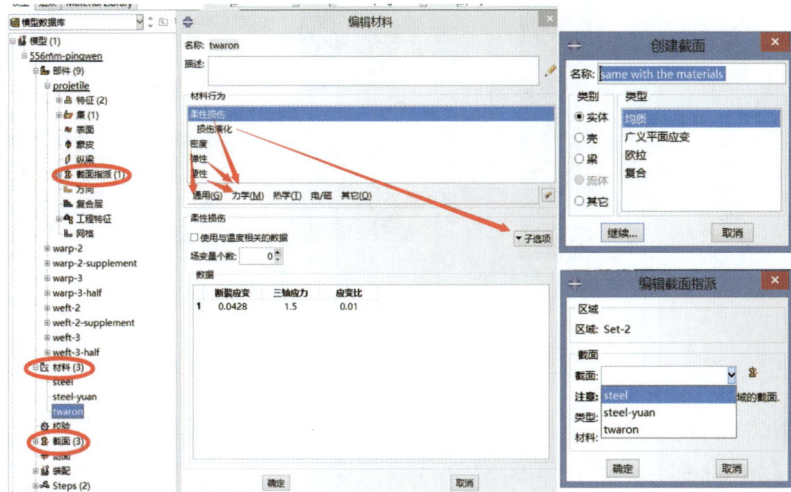

图 3-6　材料属性设置与截面的赋予

材料属性的设置中，依次设立纱线的密度、模量、塑性、损伤演化力学性能参数。纱线材料选择后，创建截面，选择材料类别为实体/匀质。然后点击继续，选择相应的纱线力学性能参数。然后再点击截面指派功能键，选择其中一根纱线，再截面下拉框里选择已设立好的纱线截面。创建的集合无须重命名，部件与装配中的集的管理是相互独立的，每个部件下有单独的集的管理。

（2）划分网格。

在ABAQUS模拟运算时，是通过计算每个细小的网格中发生的变化来反映整个模型的变化情况，因此网格的划分有十分重要的意义。每一个部件需要单独划分网格。对部件特征进行改动后原有网格会失效，需要重新划分网格。可以通过双击中网格（空）字符，切换到对应部件的网格页面；或是打开对应部件后，在模块选项中切换到部件的网格模块。

图3-7所示纱线的网格设置工具是对全局布种，种子是图 3-7黄色纱线周围的圆形。种子的密度决定了网格的大小，近似全局尺寸中数字越小，模型边上的种子越密集，生成的网格单元储存越小。通常模型显示为黄色/绿色时可以通过为部件划分网格工具自动划分六边形网格，粉色代表模型难以划分六边形网格，需在指派网格控制属性中改为四面体，显示为橙色则无法自动

划分网格。设置好之后，点为部件划分网格，确定后生成网格。

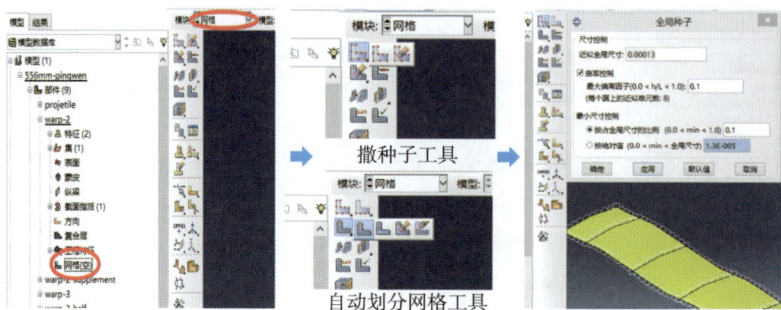

图 3-7　纱线的网格设置

（3）创建分析步。

分析历程的每一次条件变化为一个分析步。可以根据分析过程中的变化改变分析步的种类。但在案例中没有发生条件变化，拉伸、顶破、冲击模拟仅需一步。因此需要创建Step-1。目前已有默认的Initial（初始状态），新建通用类型中的动力，显式分析步Step-1，根据顶破速度预估设置分析时间长度。完成后，会自动生成一个默认的场输出请求和历程输出请求，创建分析步如图3-8所示。

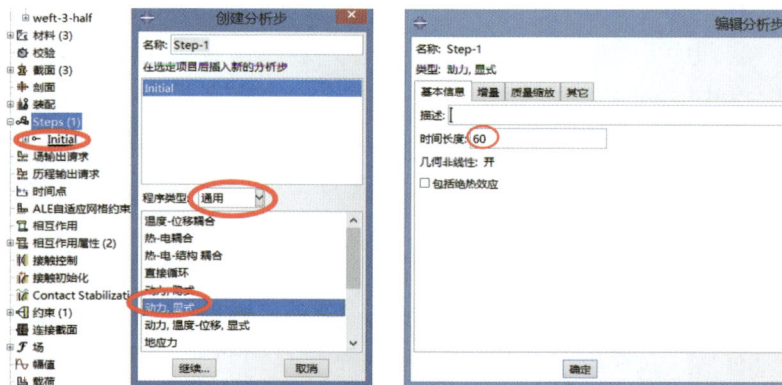

图 3-8　创建分析步

（4）设置相互作用。

创建相互作用之前，需要先定义相互作用属性，在通过指派到全局或部分模型产生作用。创建相互作用属性→接触→继续→力学→切向行为→摩擦公式：静摩擦–动摩擦指数衰减。在下方定义栏中输入需要的动静摩擦系数与衰减系数，即完成了一种摩擦力的相互作用定义。创建相互作用属性如图3-9所示。

图 3-9　创建相互作用属性

创建相互作用，选择通用接触。此作用仅在Step-1中存在，因此选择分析步Step-1。对部分表面在全局属性指派中选择创建的摩擦相互作用属性。完成对分析中全局摩擦力的设置，创建相互作用如图3-10所示。

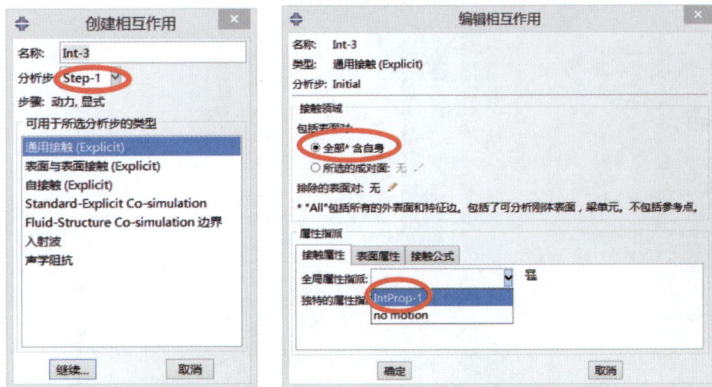

图 3-10　创建相互作用

（5）设置约束条件。

在顶破测试中，为避免测试工具发生形变影响模拟，以及降低计算量，将钢球的上下两个夹具设置为刚体。具体参见2.2.3（5），设置相应的约束条件。

（6）设置边界条件。

将下夹具的位移固定，将上夹具的除了顶破方向外其他方向的位移固定，上夹具的自由度固定如图3-11所示。设置钢球的速度边界条件，设置表幅值是速度从0到峰值，方向垂直织物向下（Y轴负方向）进行顶破，钢球的运动如图3-12所示。详细操作参见2.2.3（6），设置相应的边界条件。

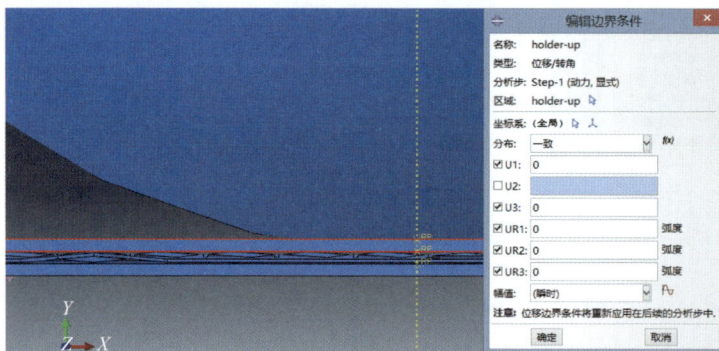

图3-11　上夹具的自由度固定

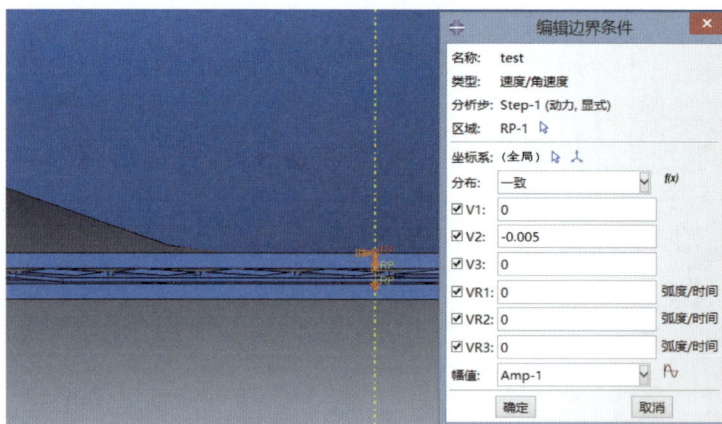

图3-12　钢球的运动

（7）设置载荷。

在上夹具上表面施加载荷，下表面因位移固定以达到固定织物的效果。

创建载荷→选择Step-1→压强→继续→选择上夹具上表面→压强大小为负值（垂直表面向下）→确认，载荷设置如图3-13所示。

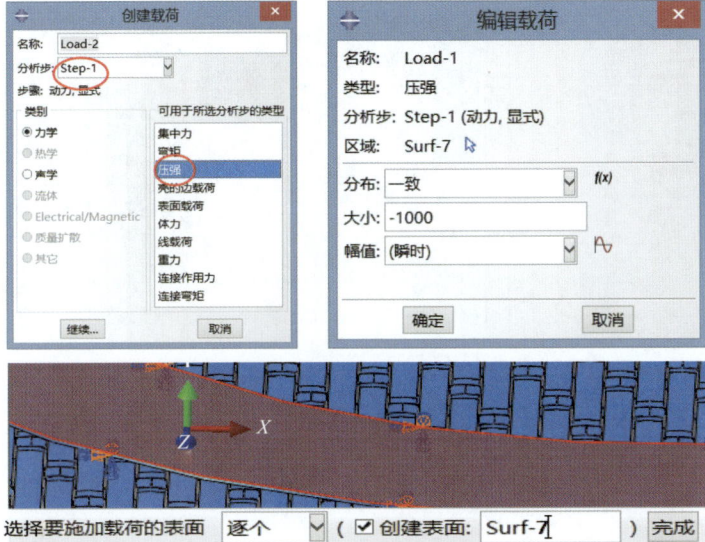

图 3-13　载荷设置

（8）设置输出。

在二维机织物的顶破测试中，需要设置Stress、Strain、Displacement、Force和Contact的场输出和Energy历程输出。顶破场输出和顶破历程输出设置方法如图3-14和图3-15所示。

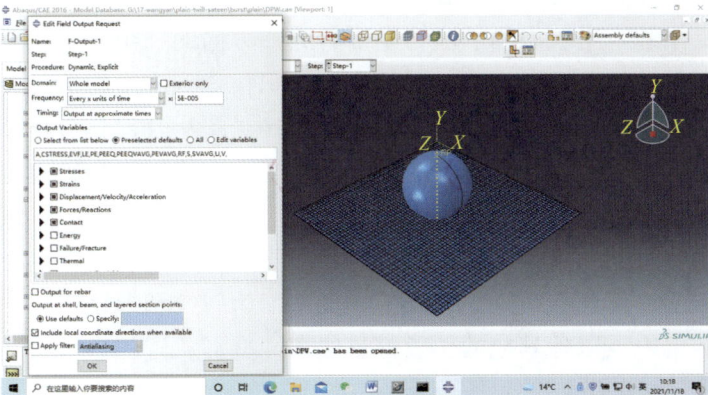

图 3-14　顶破场输出

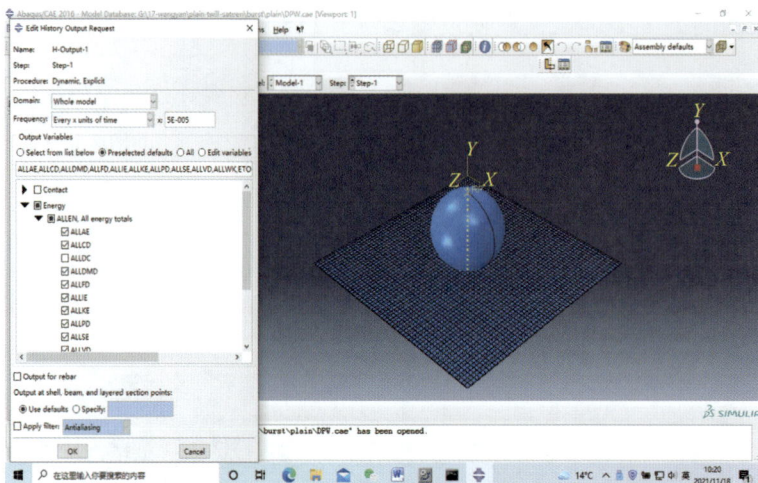

图 3-15　顶破历程输出

3.3　结果分析

每个设置的时间输出为0.00005s，由于时间较长输出较多，只截取比较有代表性的四个时间点，0.0006s、0.0008s、0.001s和最后顶破时这四个时间点的三种模型所受到的应力如图3-16～图3-18所示，每一时刻分别截取了应力分布、织物正面和反面的图。在下面图里，水平方向的纱线是经纱，竖直方向的纱线是纬纱。平纹织物的应力是沿着经纬方向的一个十字，并且随着球体不断地向下运动，逐渐变宽。斜纹和缎纹织物受到应力的情况分别是一个纬向和经向的条带并且不断地变粗。由图3-16～图3-18对比分析可以看出，应力的传递其实和组织点有一定的关系。这三个织物组织顶破模型的应力传递是通过经纱和纬纱交织的组织点来传递的。平纹织物的组织点最多，在受到应力作用的时候，经纬方向的组织点会将应力从织物和刚体接触的地方向布边进行传递。斜纹和缎纹织物更是如此，因为斜纹和缎纹织物的交织点较少，而且除组织点以外其他的位置都是经纬纱叠加放置的，应力会沿着经纬纱方向传递，交织点会把应力传递给另外交织的经纬纱线。

（a）0.0006s

（b）0.0008s

（c）0.001s

（d）顶破时

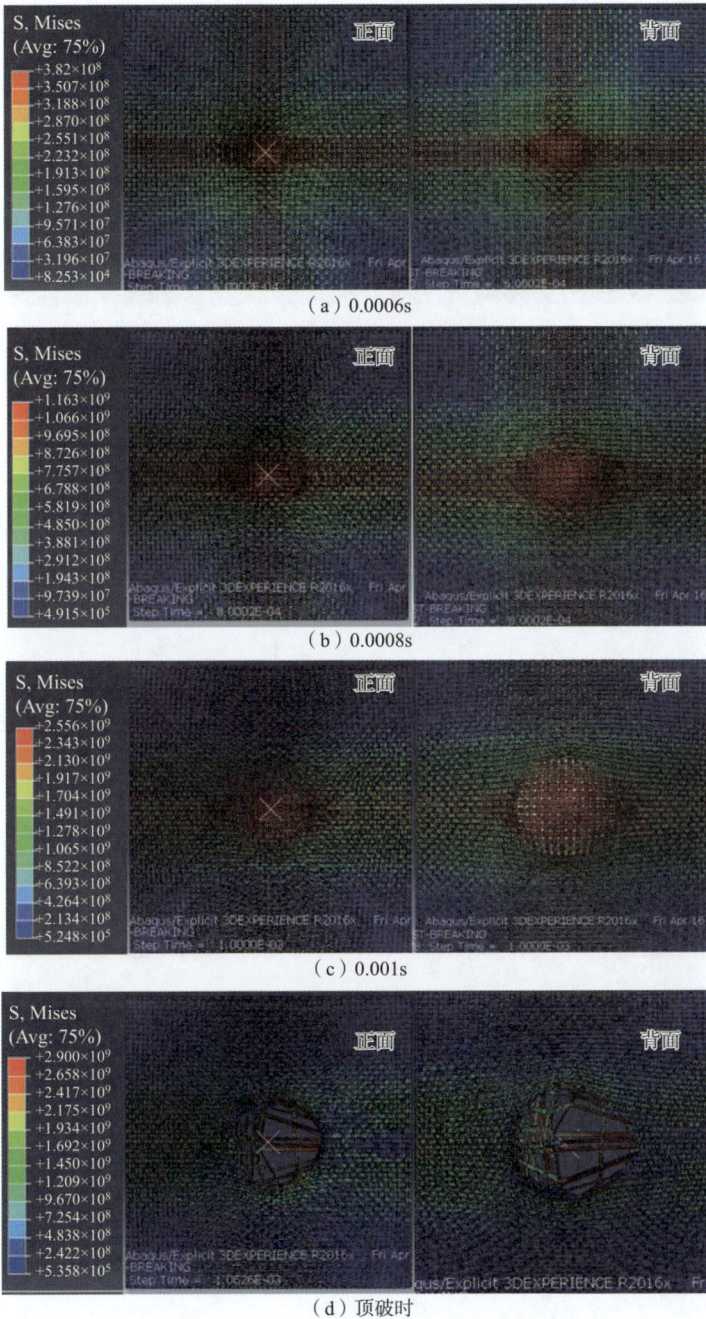

图 3-16　平纹织物顶破过程模拟截图

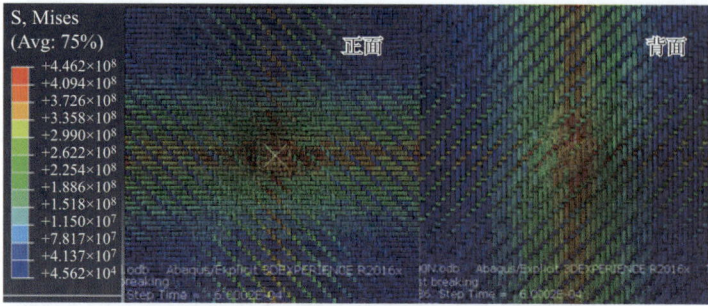

（a）0.0006s

（b）0.0008s

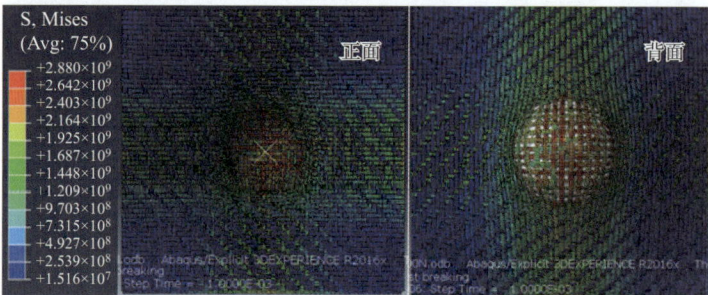

（c）0.001s

（d）顶破时

图 3-17　斜纹织物顶破过程模拟截图

（a）0.0006s

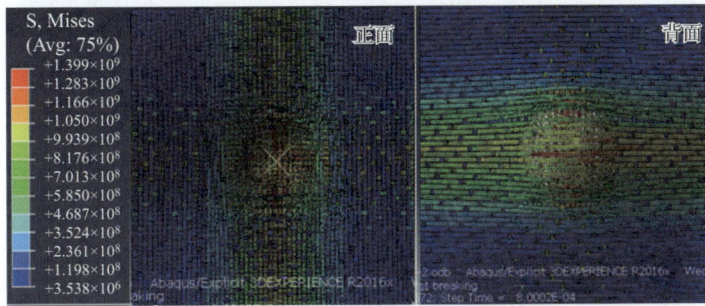

（b）0.0008s

（c）0.001s

（d）顶破时

图 3-18 缎纹织物顶破过程模拟截图

　　随着球体往织物方向不断的移动，主要的应力、形变是出现在织物与刚体接触的部分，这个主应变就会决定织物破坏的位置，主应力就会决定破坏的延伸方向。由图3-16～图3-18可以看出，顶破的过程分为三个过程，首先是纱线伸直，因为织物的四周在固定，织物的中心接触到一定的应力之后，中心接触到的纱线会出现伸直的现象。其次是纱线发生滑移，球体一直向下运动，然后织物接受到的应力不断地变大，纱线继续伸直，织物中心和球体接触到的纱线会有一些滑移，纱线之间的间隙逐渐增大，最后一个过程就是接触部分的纱线继续拉伸，纱线之间的距离继续变大，直到纱线断裂。纱线断裂之后，破坏会沿着主应力作用的方向进行延伸，如图3-19～图3-21所示。

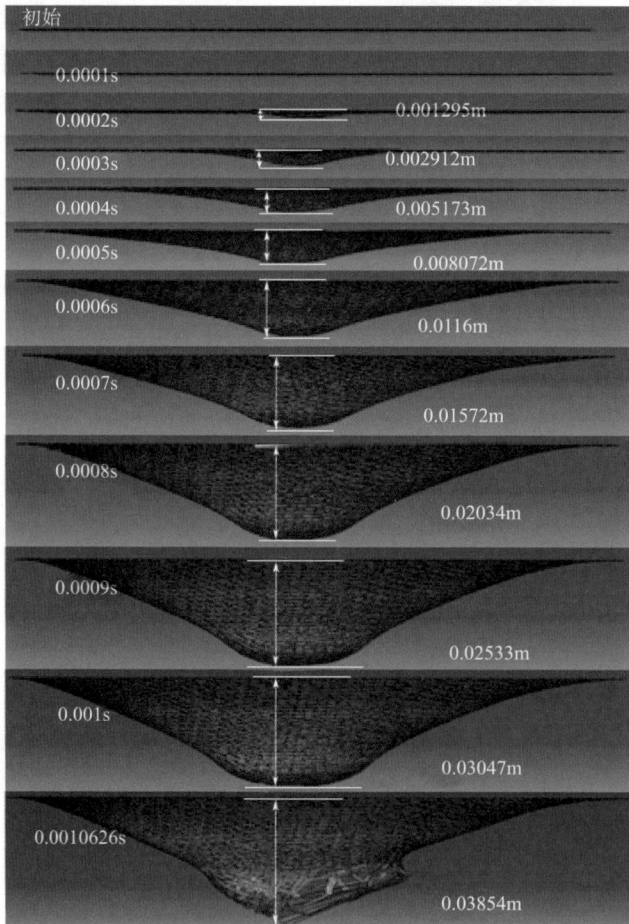

图 3-19　平纹织物顶破位移图

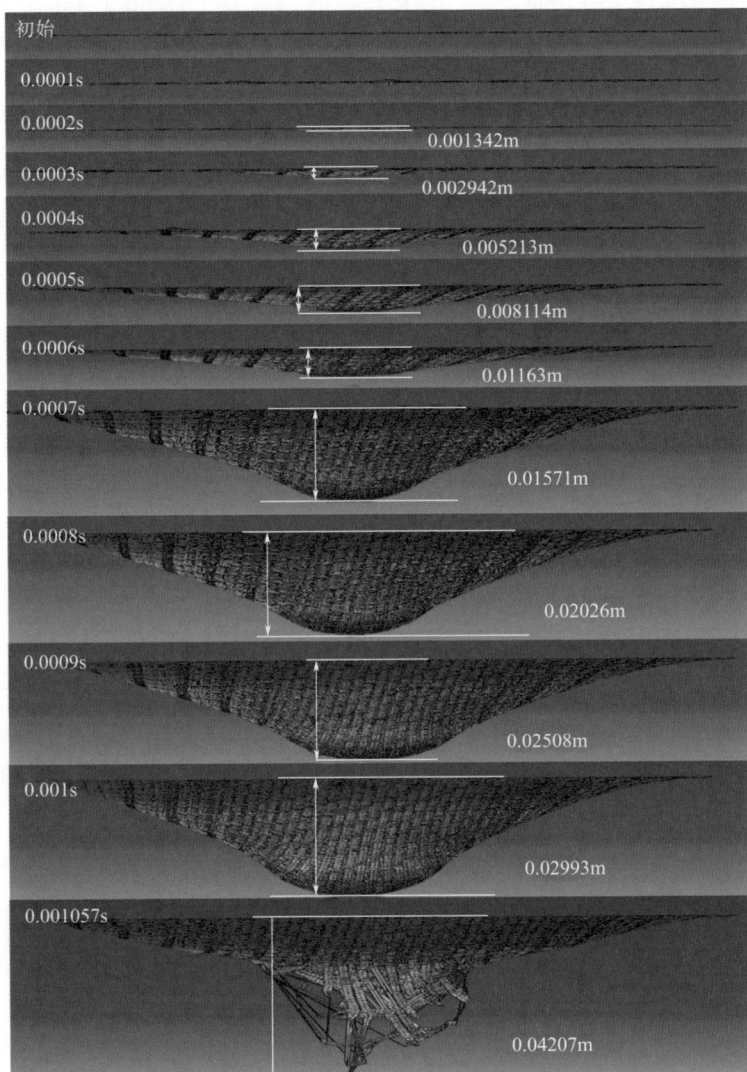

图 3-20　斜纹织物顶破位移图

　　这三种织物断裂前的三个时刻平纹织物模型中受到的应力较为集中，应力集中分布在球体和织物首先接触的经纬纱上，并且应力在经纬纱上的分布一直传递到了布边。随着球体继续向下顶破，平纹织物受到的应力继续集中，并且向织物和球体接触的地方不断集中，与球体接触部分的纱线紧度越来越小，直到纱线断裂。斜纹和缎纹织物所受到的应力并没有集中在接触部分，其中达到最大应力的纱线是分散分布的，只有平纹织物模型出现了应力分布集中的情况。同一时刻顶破模型上接触范围平纹织物的紧度最大，其次是斜纹织物，最小的是缎纹织物。

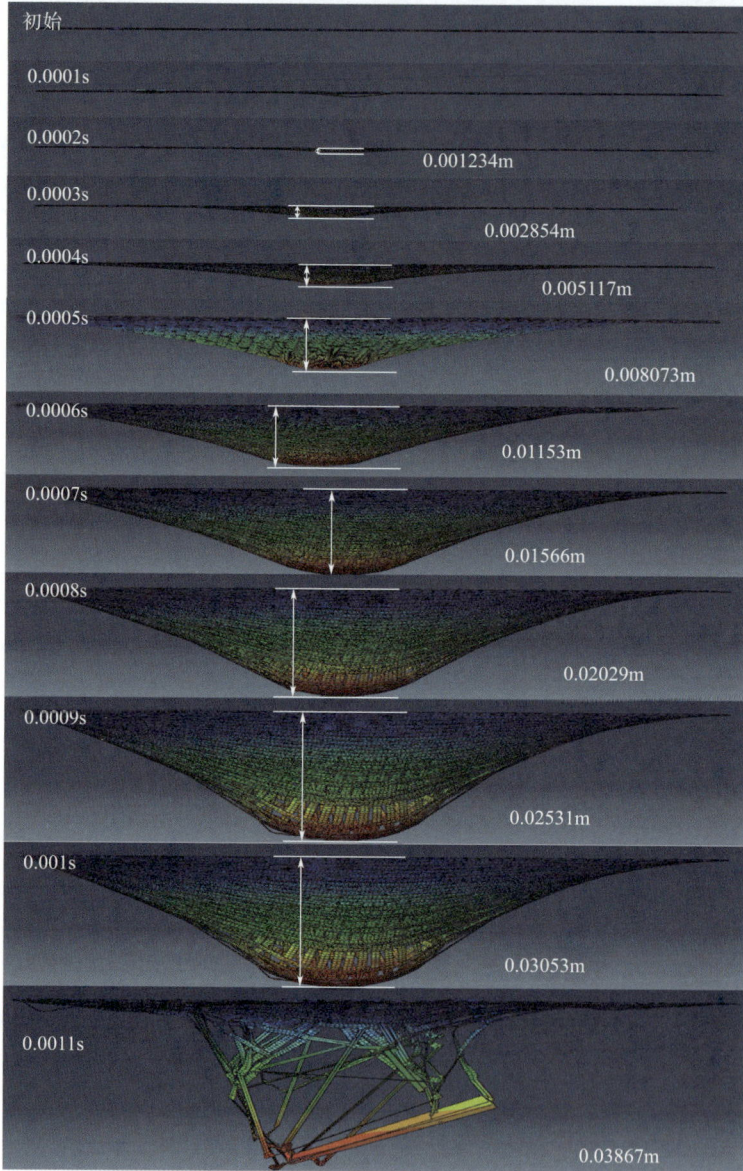

图 3-21 缎纹织物顶破位移图

第4章
二维机织物弹道冲击有限元分析案例

目前，机织物越来越多地被用于防弹衣中，因为机织物本身具有很好的柔性，且透气透湿性较好，对防弹衣的舒适化发展十分有益。与之相反的单向（UD）织物是目前防弹衣市场主流的织物类型，与纱线上下交错形成的机织物不同，UD织物是通过将伸直的长丝铺层，各长丝层再按一定角度进行层压复合的一种复合织物，往往需要用到树脂、胶黏剂等。故而UD织物防弹衣存在着硬挺度大、易引起穿着闷热感的恶劣舒适性问题。为对比分析机织物和UD织物的弹道性能，本案例对机织物和UD织物进行弹道冲击模拟。

4.1 案例背景

该案例将模拟三种机织物组织，包括平纹、缎纹（五枚三飞纬面缎纹）和UD织物（0/90°铺层）的弹道冲击模拟。弹道冲击条件为圆柱形子弹，冲击速度为475m/s。织物的长度设为7.5cm，宽度为7.5cm，在织物中心放置圆柱形子弹以475m/s的弹道冲击，冲击处的布边添加对称的边界条件，固定织物外布边。

4.2 模型建立步骤

4.2.1 建立纱线和子弹部件

（1）织物纱线部件。

参见2.2.2，建立平纹织物、缎纹织物的纱线部件。弹道冲击测试使用的是0.075m×0.075m大小的织物的1/4模型，与拉伸测试中的经纬纱线长度不同，可沿用部件并修改纱线扫掠路径草图中调整一个重复周期的阵列数量和末端截取位置。重生成部件，以节省操作。

（2）子弹部件。

以拉伸的类型创建一个1/4圆柱形状的子弹部件，半径为0.00275m，拉伸深度0.0055m，圆柱草图如图4-1所示。在该部件圆心顶点定义一个参考点（RP），便于定义刚体与定义运动，如图4-1所示。

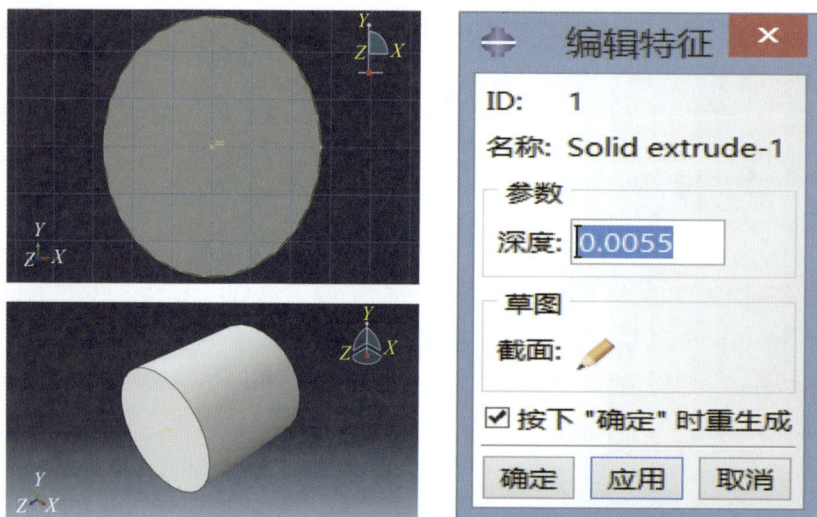

图4-1 圆柱草图

4.2.2 装配织物和子弹

参见2.2.2，装配纱线部件成平纹织物、缎纹织物。使用装配中的平移和旋转工具，将子弹的参考点放置在织物靠近原点的角的上表面处，子弹在不同织物表面的放置位置如图4-2所示。

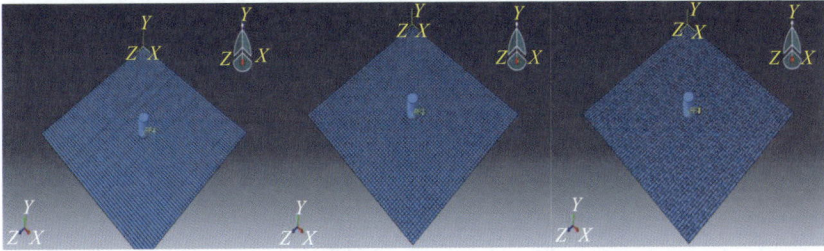

图 4-2　子弹在不同织物表面的放置位置

4.2.3　设置分析条件

（1）赋予材料属性与创建截面。

材料属性设置：需要创建一种带有各种性质材料，并使用这种性质，创建一种匀质的截面，并在每一个部件的截面指派中，指派这种截面，赋予部件定义材料的性质。即材料属性设置→设置截面→部件截面指派，材料属性设置如图4-3所示。

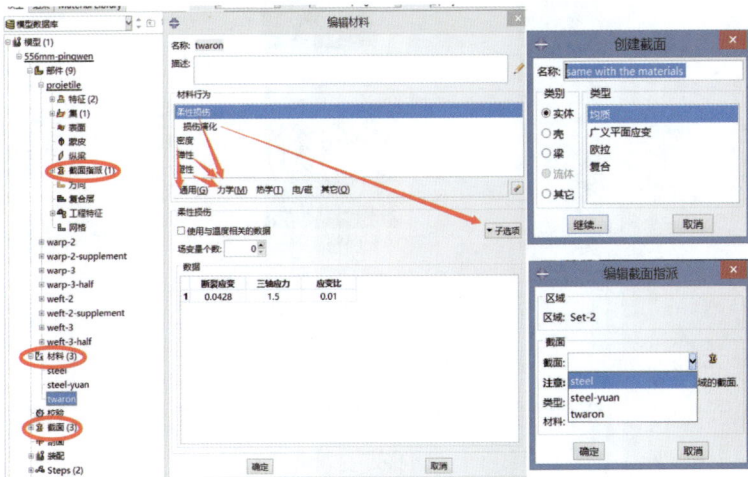

图 4-3　材料属性设置与截面的赋予

材料属性的设置中，依次设立纱线的密度、模量、塑性、损伤演化力学性能参数。纱线材料选择后，创建截面，选择材料类别为实体/匀质。然后点击继续，选择相应的纱线力学性能参数。然后再点击截面指派功能键，选择其中一根纱线，再截面下拉框里选择已设立好的纱线截面。创建的集合无须重命名，部件与装配中的集的管理是相互独立的，每个部件下有单独的集的管理。

（2）划分网格。

在ABAQUS模拟运算时，是通过计算每个细小的网格中发生的变化来反映整个模型的变化情况，因此网格的划分有十分重要的意义。每个部件需要单独划分网格。对部件特征进行改动后原有网格会失效，需要重新划分网格。可以通过双击右图圈中网格（空）字符，切换到对应部件的网格页面；或是打开对应部件后，在模块选项中切换到部件的网格模块。

图4-4网格划分的工具是对全局布种，种子是图4-4黄色纱线周围的白色圆形。种子的密度决定了网格的大小，近似全局尺寸中数字越小，模型边上的种子越密集，生成的网格单元储存越小。设置好后点为部件划分网格，确定后生成网格，织物中纱线的网格设置如图4-5所示。

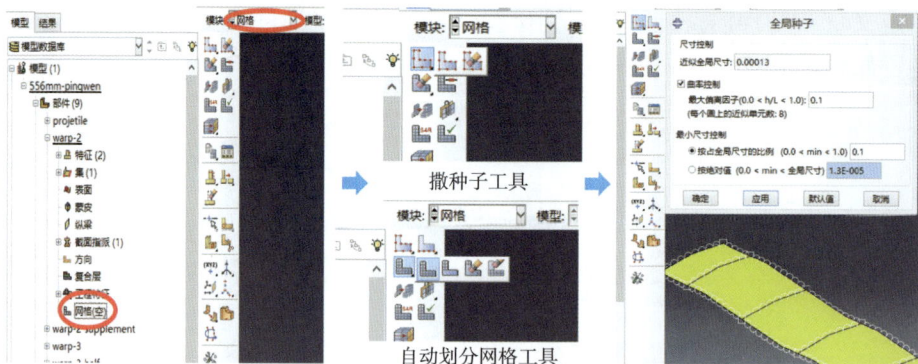

图4-4　网格划分

（3）创建分析步。

分析历程的每一次条件变化为一个分析步。可以根据分析过程中的变化改变分析步的种类。但在案例中没有发生条件变化，拉伸、顶破、冲击模拟仅需一步。因此需要创建Step-1。目前已有默认的Initial（初始状态），新建通用类型中的动力，显式分析步Step-1，根据冲击速度预估设置分析时间长度。完成后，会自动生成一个默认的场输出请求和历程输出请求，创建分析步如图4-6所示。

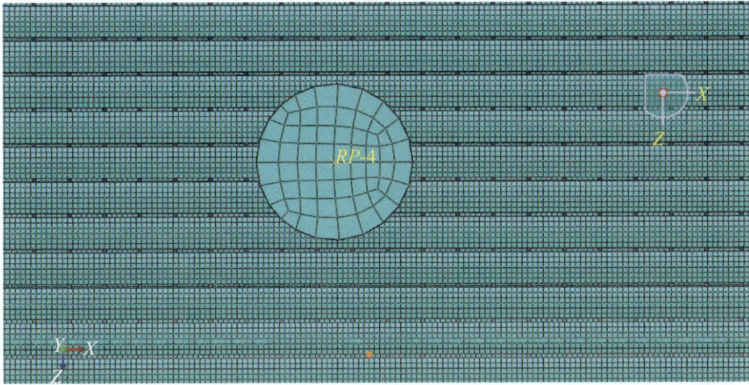

（a）UD织物

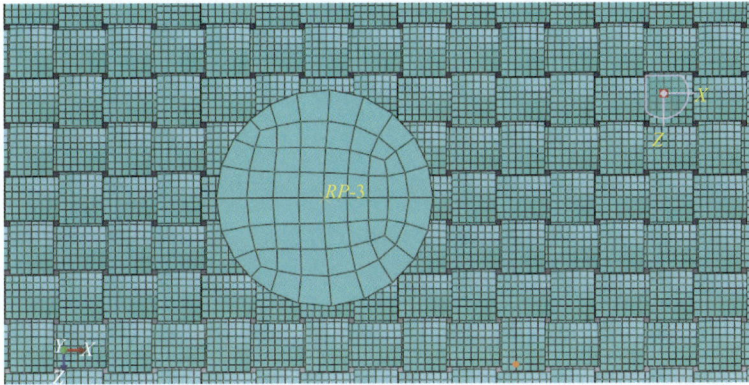

（b）平纹织物

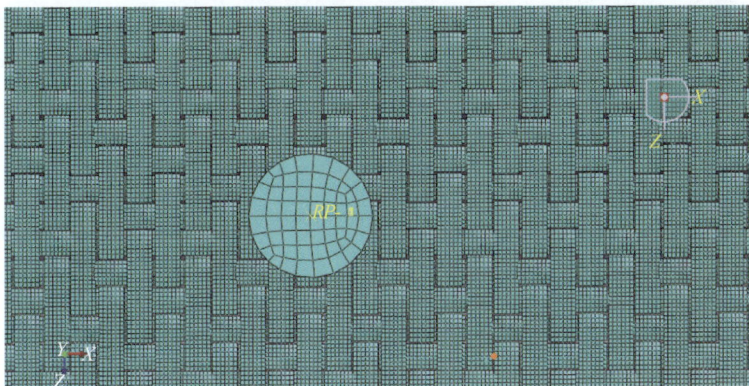

（c）缎纹织物

图 4-5　织物中纱线的网格设置

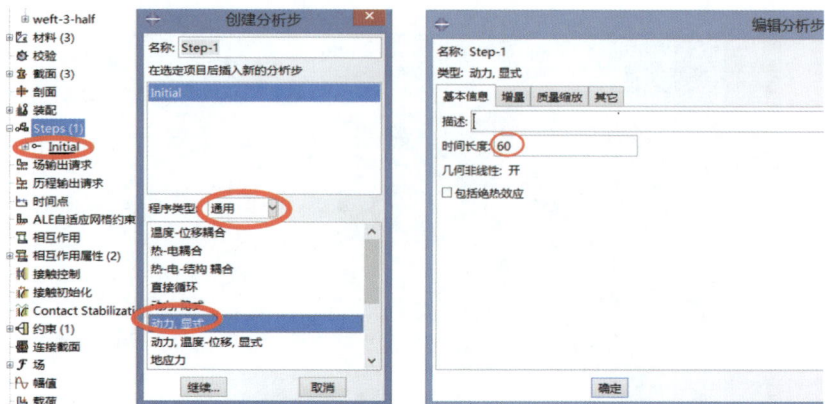

图 4-6　创建分析步

（4）设置相互作用。

创建相互作用之前，需要先定义相互作用属性，在通过指派到全局或部分模型产生作用。创建相互作用属性→接触→继续→力学→切向行为→摩擦公式：静摩擦-动摩擦指数衰减。在下方定义栏中输入需要的动静摩擦系数与衰减系数，完成了一种摩擦力的相互作用定义，创建相互作用属性如图4-7所示。

图 4-7　创建相互作用属性

创建相互作用，选择通用接触。此作用仅在Step-1中存在，因此选择分析步Step-1。对部分表面在全局属性指派中选择创建的摩擦相互作用属性。完成对分析中全局摩擦力的设置，创建相互作用如图4-8所示。

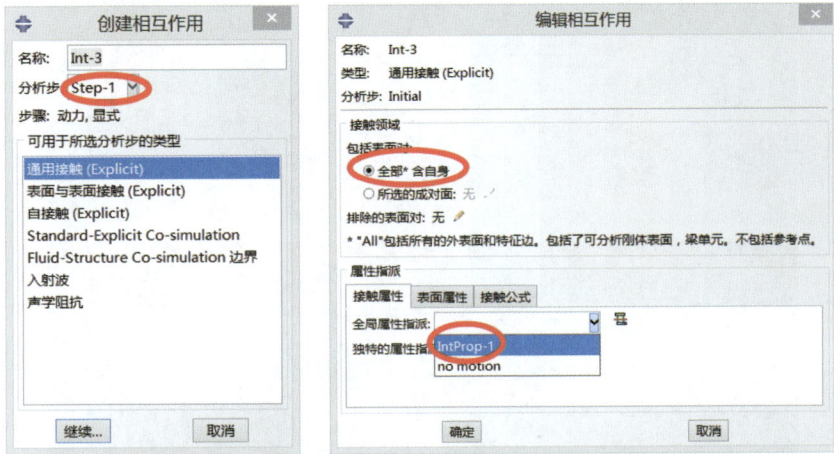

图4-8 创建相互作用

（5）设置约束。

将1/4圆柱设置为刚体。具体参见2.2.3（5），设置相应的约束条件。

（6）设置边界条件。

不同的子弹速度冲造成不同程度的凹陷，需要预留更大的凹陷面积。需要对子弹与织物设置对称的边界条件。创建边界条件→选择Step-1→对称/反对称/完全固定→继续→选择子弹的一个需对称的面→选择垂直于这个面位移为0的选项（U1=U2=U3=UR1=UR2=UR3=0）。固定子弹位移始终垂直织物向下。设置参见第3章顶破测试中上夹具固定位移方向的设置方法。固定织物四边位移为0，使织物固定进行冲击。设置参见第3章顶破测试中下夹具固定位移为0的设置方法，固定边界条件的设置如图4-9所示。

（7）设置预定义场。

弹道冲击的过程是子弹由一定初速度冲击，受到织物的阻碍之后速度降低的过程。在预定义场中赋予子弹一个初速度。创建预定义场→选择Initial→速度→继续→选择子弹的参考点→完成→设置垂直于织物的速度（此处为Y轴负方向），预定义场设置如图4-10所示。

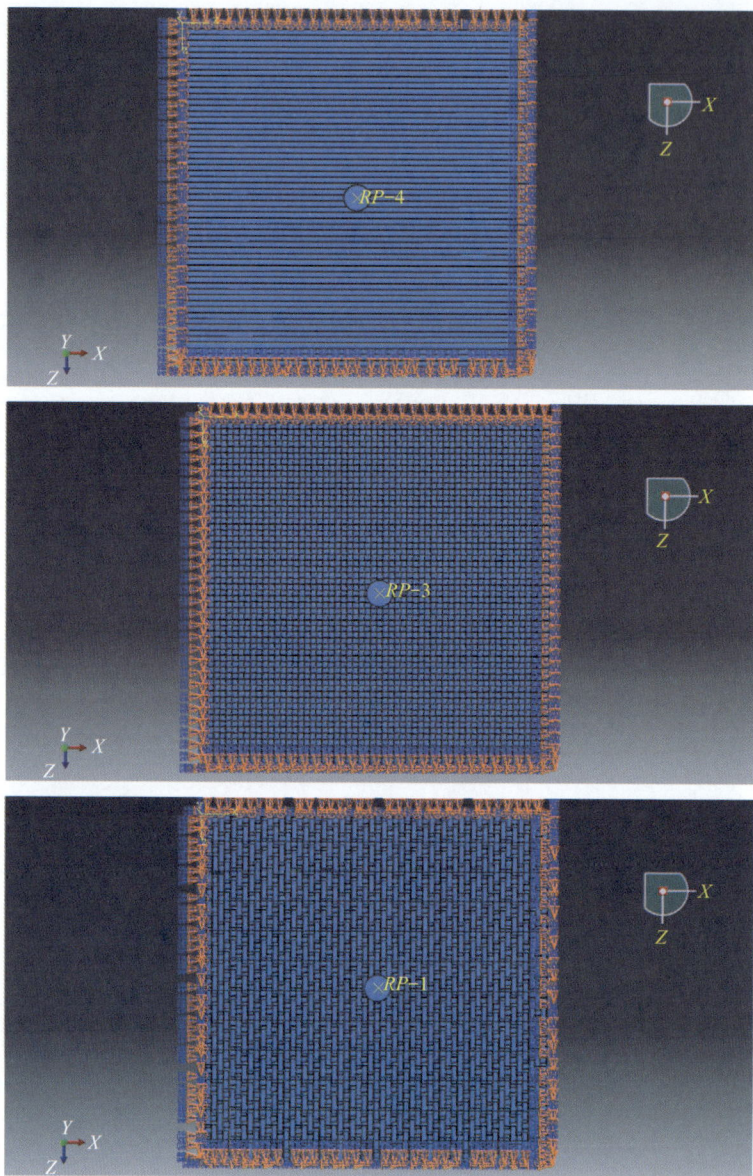

图 4-9　固定边界条件的设置

（8）设置输出。

在二维机织物的弹道冲击测试中，需要设置的历程输出。设置方法参见 2.2.3（7）。

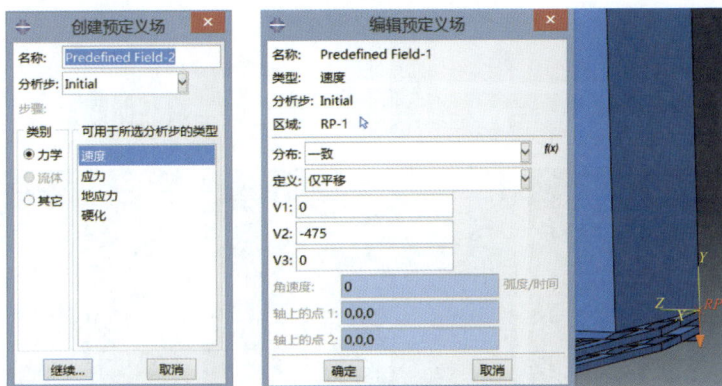

图 4-10　预定义场的设置

4.3　结果分析

　　图4-11是UD织物、平纹织物和缎纹织物三种织物的弹道冲击下的子弹速度变化曲线，从图中可以看出，相比于UD织物和缎纹织物，平纹织物结构紧密。在同样的冲击条件下，平纹织物的子弹剩余速度最低，这说明平纹织物吸收的能量最多。图4-12是三种织物在不同时间下的应力分布图。对于UD织

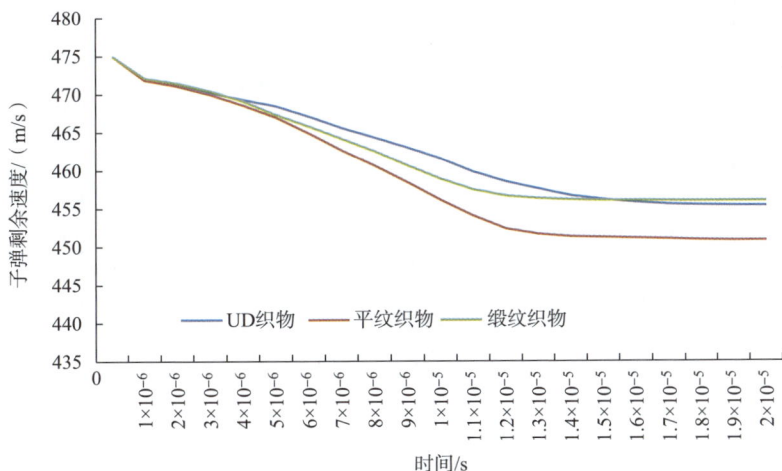

图 4-11　子弹速度变化曲线

物，应力仅仅分布在与子弹接触的主纱线表面，缎纹织物将其应力分布到其他纱线上，然而，相比于平纹织物，平纹织物将应力分布到了更大的区域。因此，相对于其他两种织物，平纹织物受冲击之后，剩余速度最低。

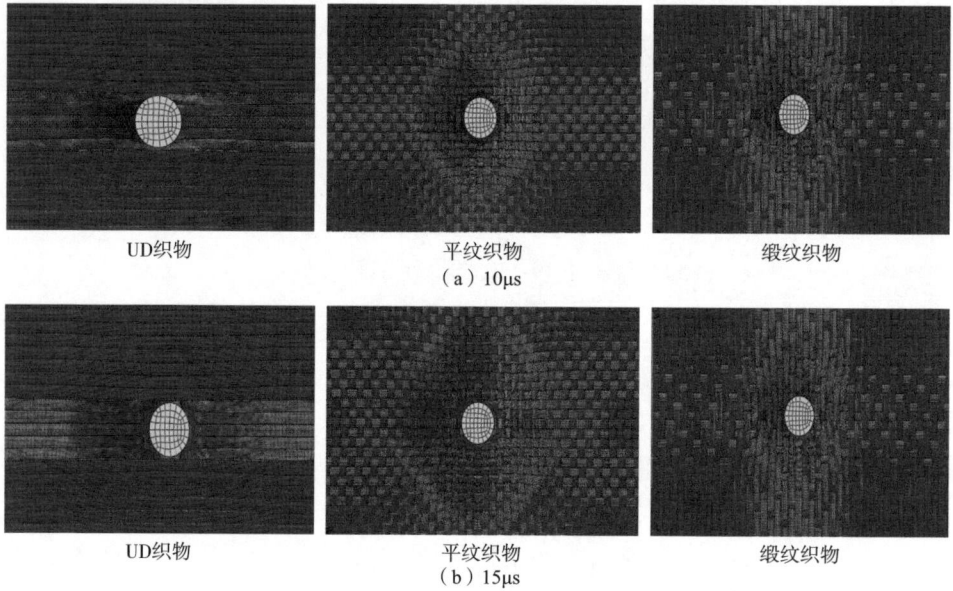

UD织物   平纹织物   缎纹织物
（a）10μs

UD织物   平纹织物   缎纹织物
（b）15μs

图 4-12 三种织物在不同时间下的应力分布图

第5章

三维机织物拉伸性能有限元
分析案例

近几十年来，复合材料在现代科技发展中占比越来越大，现代纺织技术与树脂工业的结合产生了纺织复合材料，因复合材料具有轻质、高强的力学性能被广泛应用，而三维纺织技术是随着高性能复合材料而发展起来的一类产业用纺织品。三维织物在厚度方向上增加了屈曲波动状态的纱线，提高织物的整体性，因此具有较高的层间抗分层能力及更佳的结构稳定性，为制备具有优良整体性和力学结构稳定性的高性能复合材料提供了有力保证，三维机织物与二维结构复合材料相比，具有强度高、模量高、抗疲劳性能好、减震性能好、耐化学腐蚀性好等优良性能，同时还克服了分层失效的缺陷，三维机织物是纺织复合材料发展的重要方向，是纤维增强复合材料候选的主要增强结构。三维纺织复合材料包括三维机织、三维针织和三维编织复合材料三种，其中，三维机织复合材料因其织造工艺稳定、自动化程度高、生产成本相对较低、整体性好，易于成型等优点而得到广泛应用，并且三维机织物可以实现产业化，成本较低，可广泛应用于各个领域。研究三维织物的拉伸性能十分有必要。

5.1 案例背景

三维机织物拉伸性能模拟时，采用的测试方法是条样法。根据测试标准 GB/T 3923.1—1997《纺织品　织物拉伸性能　第1部分断裂强力和断裂伸长率的测定条样法》，织物的宽度设为5cm，长度设为10cm。如第2章图2-1（a）所示，织物的一端固定不动，另一端与刚体绑定并使刚体以一定的速度沿织物长度方向运动，进行拉伸。

5.2 模型建立步骤

5.2.1 建立纱线部件

（1）角联锁织物纱线部件。

本案例为四层角联锁织物，经纬密、经纬纱横截面沿用二位织物的参数，角联锁织物经纬纱差异较大，经纱从上交织到下。创建和绘制的具体操作参考2.2.1，使用扫掠的方式创建经纱部件，使用创建圆弧：采用三点工具作圆弧，并使用创建线：首尾相连工具和自动裁剪工具裁剪一半，作为基本弧线，参见2.2.1，建立斜纹织物纱线部件。

①经纱。

基本弧线使用旋转、镜像工具按照四层角联锁织物经纱结构绘制扫掠曲线。四层角联锁经纱需跨越3个纱线厚度上下交织，长度计算见式（5-1）。

$$L=6 \times 0.001278=0.007668（\text{m}）\qquad(5-1)$$

在线性阵列工具以一个重复周期长度进行阵列，再使用创建线：首尾相连工具和自动裁剪工具截取至所需长度。相邻的经纱线在伸长方向的差异为1/6周期长度（0.001278）。

②纬纱。

与斜纹近似，基本弧线使用旋转、镜像工具按照四层角联锁织物经纱结构绘制纬纱扫掠曲线，不同纬纱的一个重复周期的草图如图所示，长度计算见式（5-2）。

$$L=6 \times 0.001278=0.007668（\text{m}）\qquad(5-2)$$

交织的屈曲部分之间的间隔选用创建线：首尾相连作直线连接，根据分析需要用线性阵列工具以一个重复周期长度进行阵列，再使用创建线：首尾相连工具和自动裁剪工具截取至所需长度。四层中每一层的每个位置的纬纱都不相同，作扫掠路径需提前计算每一根在一个重复周期内的交织位置，工作量较大，但仍有迹可循，相同层的相邻的纬纱在伸长方向的差异为1/6周期长度（0.001278m）。

纱线的横截面与平纹使用同一凸透镜形，参见2.1.1平纹织物纱线。共需要建立经纱6根，纬纱18根纱线部件。

在建立纱线时，应考虑到装配时在三维空间坐标系中的放置问题。与平纹织物一样额外建立经纬向首根纱线的1/2纱线。角联锁经纬纱扫掠路径图如图5-1和图5-2所示。

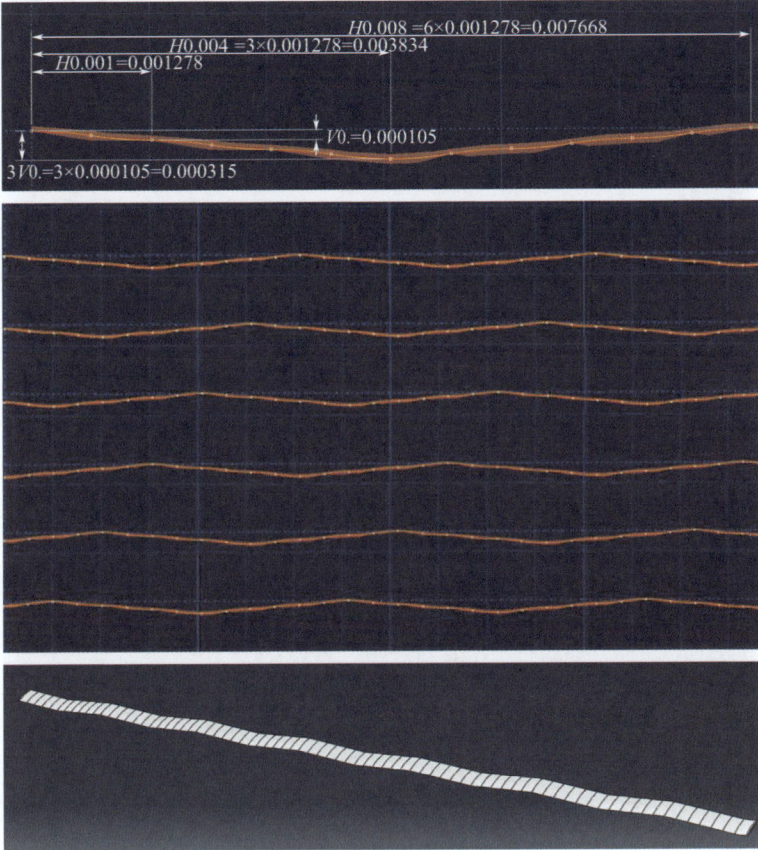

图 5-1　角联锁织物经纱扫掠路径图

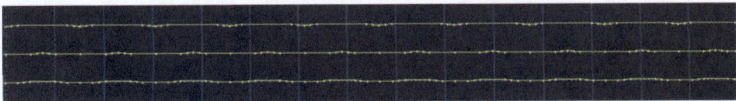

（a）纬向的1a～1c号纱线

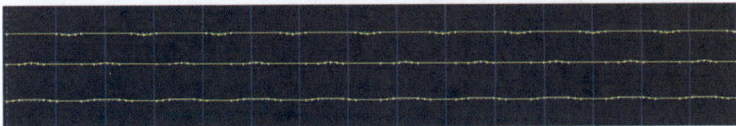

（b）纬向的2a～2c号纱线

（c）纬向的3a～3c号纱线

（d）纬向的4a～4c号纱线

（e）纬向的5a～5c号纱线

（f）纬向的6a～6c号纱线

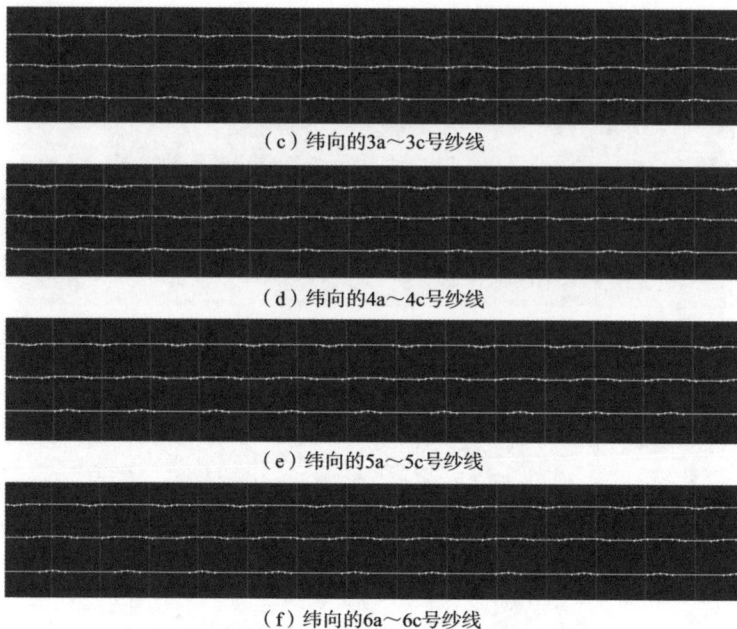

图5-2　角联锁织物纬纱扫掠路径图

（2）正交织物纱线部件。

正交结构织物的经纱与平纹织物类似。过三点工具作圆弧，在下方作纱线截面草图，以截面草图端部为圆心，用圆心和圆周工具作与圆弧延长线相切半径最小的圆，得到切点，从切点处创建圆弧，曲线相切工具创建圆弧延长线与纱线间隙中线的切线，最后用删除和自动裁剪工具删除多余线条，完成拐角作图，进行旋转或镜像，得到一个重复周期，如图5-3和图5-4所示。长度计算见式（5-3）。

$$L=2 \times 0.001278=0.002556（m）\qquad（5-3）$$

根据分析需要用线性阵列工具以一个重复周期长度进行阵列，再使用创建线：首尾相连工具和自动裁剪工具截取至所需长度。相邻经纱间互为轴对称。每一层每个位置的纬纱扫掠路径均为长度与布边等长的直线。纱线的横截面与平纹使用同一凸透镜形，参见2.2.1平纹织物纱线。需要建立纱线部件经纱2根，纬纱1根。

在建立纱线时，应考虑到装配时在三维空间坐标系中的放置问题。与平纹织物一样额外建立经纬向首根纱线的1/2纱线。

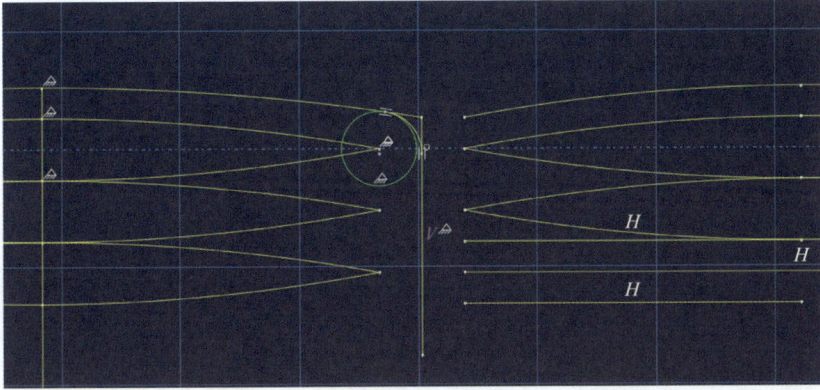

图 5-3　正交织物经纱交织屈曲部分作法

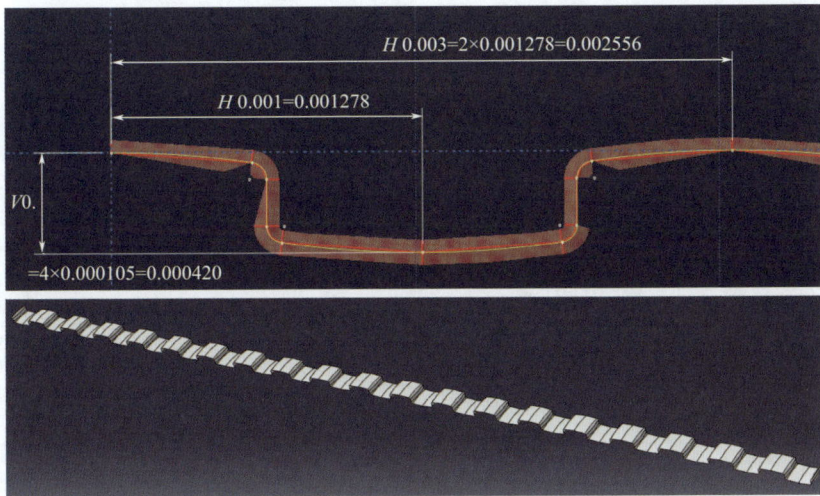

图 5-4　正交织物经纱扫掠路径图

（3）测试夹头部件。

参见2.2.1（4），建立拉伸测试夹头部件。

5.2.2　装配织物

（1）装配角联锁织物。

进入装配模块，在创建实例从部件中添加1/2 经纱，6根经纱与18根纬纱，按照四层角联锁织物的结构图，参照案例1中斜纹织物的形成进行计算平移向量坐标，平移到与1/2纱线重合的位置，并计算与1/2纱线在Y轴上差了多少纱线厚度，在排列方向上的属于第n根纱线，就平移n−1个0.001278m长度。按次序依次排好放置后，使用阵列工具阵列根据织物长宽分别在X轴向和Z轴向阵列经纱和纬纱，形成角联锁织物，如图5-5所示。

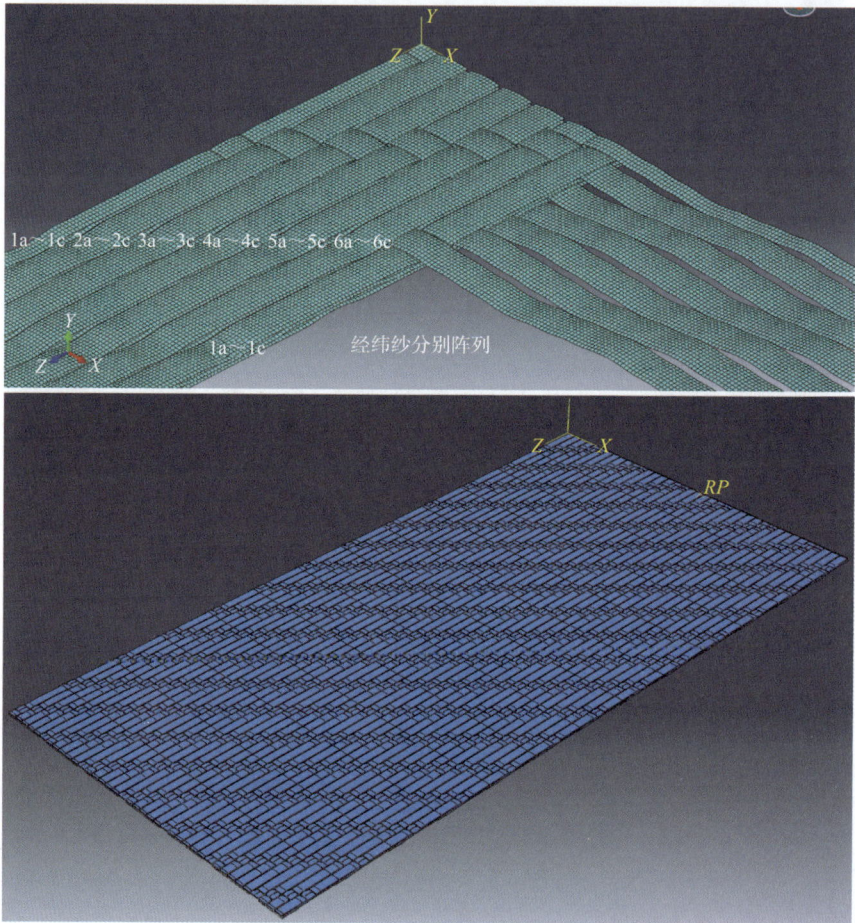

图 5-5　四层角联锁织物

（2）装配正交织物的形成。

添加两种经纱实例，在X轴上进行阵列，加入直线的纬纱，在厚度（Y轴）和经向（X轴）上同时阵列。与平纹织物的组装方法相同，形成正交织物，如图5-6所示。

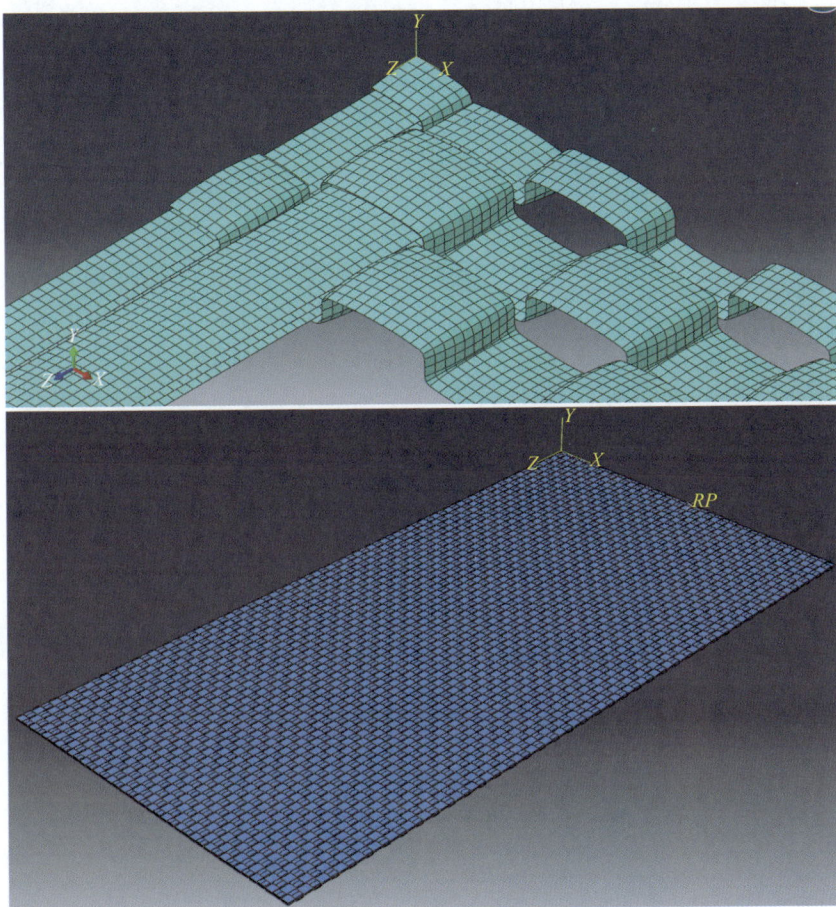

图 5-6　四层正交织物

5.2.3　设置分析条件

（1）赋予材料属性与创建截面。

材料的属性设置需要创建一种带有各种性质材料，并使用这种性质，创建一种匀质的截面，并在每一个部件的截面指派中，指派这种截面，赋予部件定义材料的性质。即材料属性设置→设置截面→部件截面指派，如图5-7所示。

进入属性模块来生成材料定义，选择创建材料，在编辑材料对话框中，材料命名为twaron，在通用、力学模块中输入材料的密度、弹性、塑性等参数。在属性模块中选择创建截面，选择材料类别为实体、选择材料类型为均质，点击继续，在编辑截面对话框中选择材料。再点击截面指派功能键，选择其中一根纱线，在截面下拉框里选择已设立好的纱线截面。

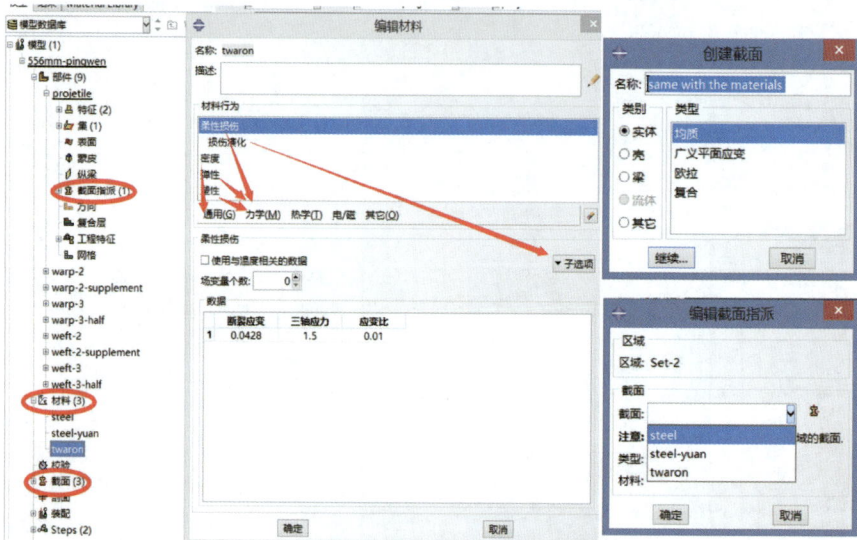

图5-7 材料属性设置与截面的赋予

（2）划分网格。

在ABAQUS模拟运算时，是通过计算每个细小的网格中发生的变化来反映整个模型的变化情况，因此网格的划分有十分重要的意义。每一个部件需要单独划分网格。对部件特征进行改动后原有网格会失效，需要重新划分网格。可以通过双击网格（空）字符，切换到对应部件的网格页面；或是打开对应部件后，在模块选项中切换到部件的网格模块。

图5-8所示工具是全局布种，种子是黄色纱线周围的白色圆形。种子的密度决定了网格的大小，近似全局尺寸中数字越小，模型边上的种子越密集，生成的网格单元储存越小。通常模型显示为黄色/绿色时可以通过为部件划分网格工具自动划分六边形网格，粉色代表模型难以划分六边形网格，需在指派网格控制属性中改为四面体，显示为橙色则无法自动划分网格。设置好后点，为部件划分网格，确定后生成网格。

（3）创建分析步。

各部件之间的相互作用、边界条件、载荷都与分析部相关联，因此优先定义分析步。分析历程的每一次条件变化为一个分析步。可以根据分析过程中的变化改变分析步的种类。但在案例中没有发生条件变化，拉伸、顶破、冲击模拟仅需一步。因此需要创建Step-1。目前已有默认的Initial，新建通用类型中的动力，显式分析步Step-1，根据预估拉伸断裂伸长于拉伸速度设置分析时间长度。完成后，会自动生成一个默认的场输出请求和历程输出请求。定义分析步步骤为：在分析步模块中，点击创建分析步，在创建分析步对话框中，名称默认Step-1，在通用程序类型选择动力、显式，单击继续，进入编辑分析步对话框，设置时间长度，创建分析步如图5-9所示。

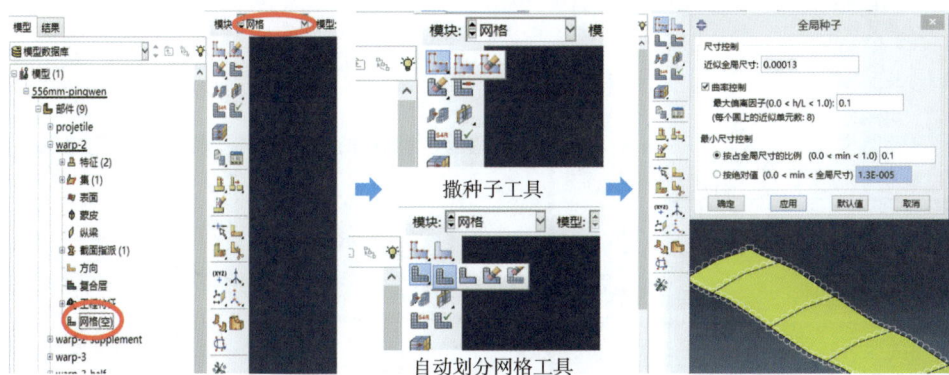

图 5-8　纱线网格的划分

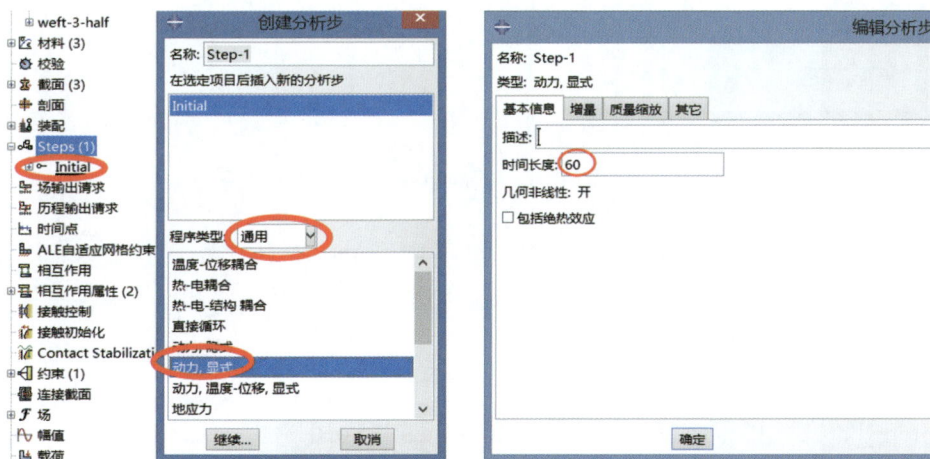

图 5-9　创建分析步

（4）设置相互作用。

创建相互作用之前，需要先定义相互作用属性，在通过指派到全局或部分模型产生作用。创建相互作用属性→接触→继续→力学→切向行为→摩擦公式（静摩擦-动摩擦指数衰减）。在下方定义栏中输入需要的动静摩擦系数与衰减系数，完成了一种摩擦力的相互作用定义。定义相互作用属性步骤为：进入相互作用模块，点击创建相互作用属性，再在创建相互作用属性对话框中，默认名称为IntProp-1，在类型中选择接触并继续，在力学选项中选择切向行为，摩擦公式选择静摩擦-动摩擦指数衰减，并输入参数，单击确定，创建相互作用属性如图5-10所示。

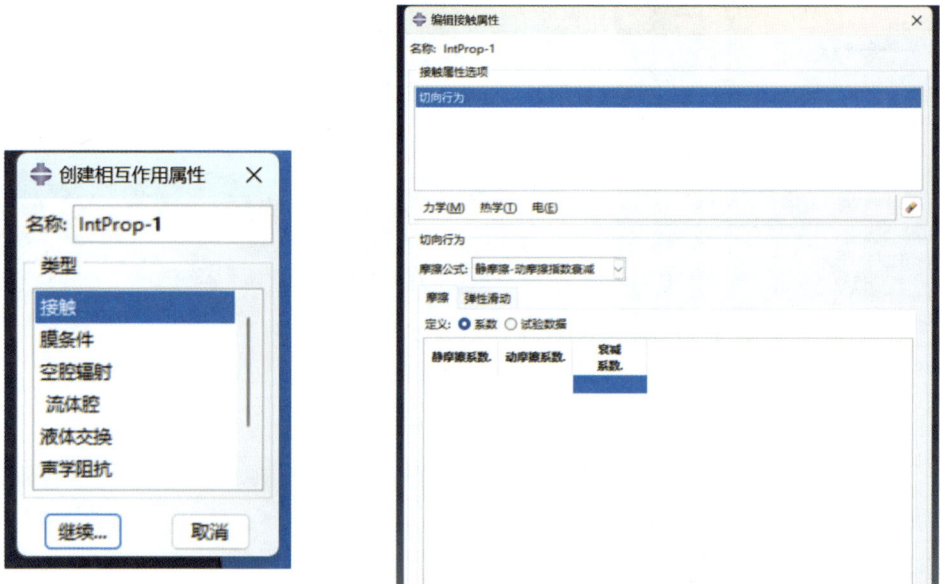

图5-10　创建相互作用属性

创建相互作用，选择通用接触。此作用仅在Step-1中存在，因此选择分析步Step-1。对部分表面在全局属性指派中选择创建的摩擦相互作用属性。完成对分析中全局摩擦力的设置。

创建相互作用步骤：点击创建相互作用，默认名称为Int-3，选着分析步Step-1，在可用于所选分析步的类型中，选择通用接触（Explicit），单击继续，在属性指派对话框中，选择全局属性指派IntProp-1，并点击确定，创建相互作用如图5-11所示。

（5）设置约束。

在分析过程中，避免因测试工具发生形变对模拟造成影响，以及减少模拟计算量。应将测试工具定义为刚体。创建约束→刚体→区域类型体（单元）→右边的编辑选择箭头→选择测试工具的模型→点：（无）右边的箭头选择测试工具的参考点→确定。刚体的设置如图5-12所示。

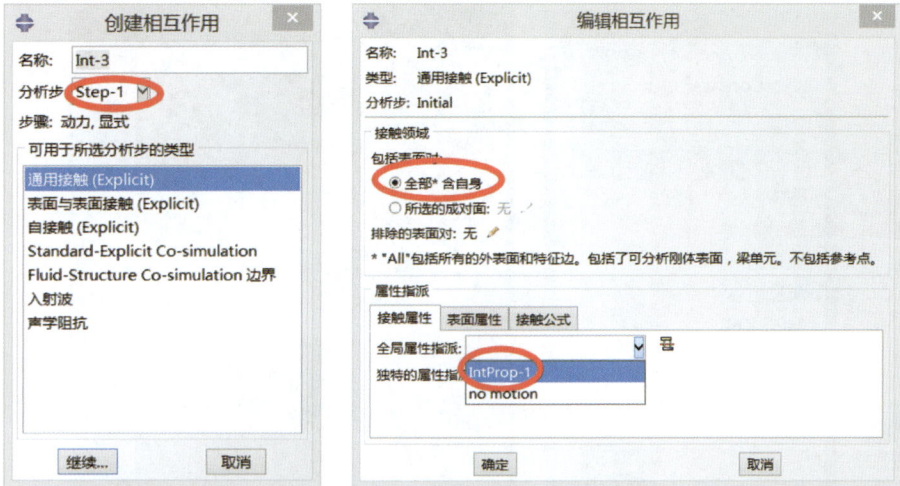

图 5-11　创建相互作用

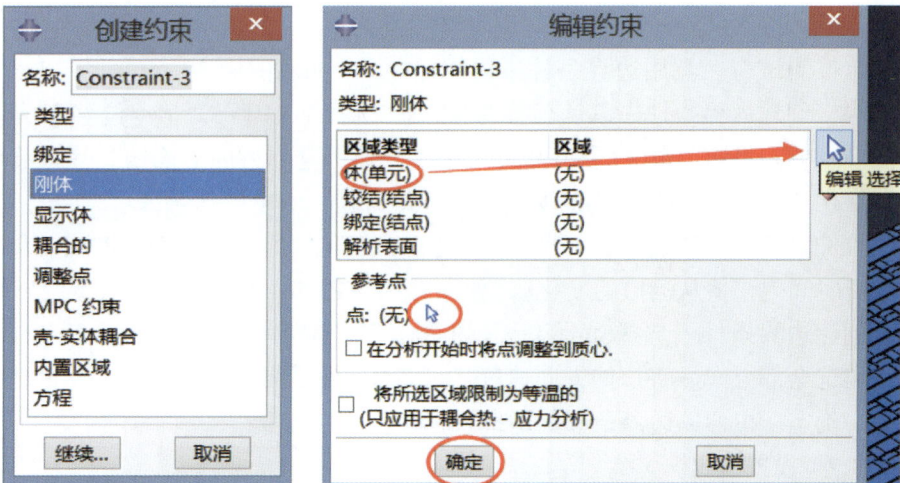

图 5-12　刚体的设置

拉伸测试中将拉伸工具与织物一端固定。创建约束→绑定→表面→为主表面选择的区域（点击选择测试工具与纱线端部接触的表面）→完成→为从表面选择的区域（从俯视图框选纱线端部与测试工具的接触面部分的所有面，再按住Ctrl去选多余面，仅留下选择纱线端部与测试工具接触的表面）→完成。绑定的设置如图5-13所示，红色为主表面，粉色为从表面。

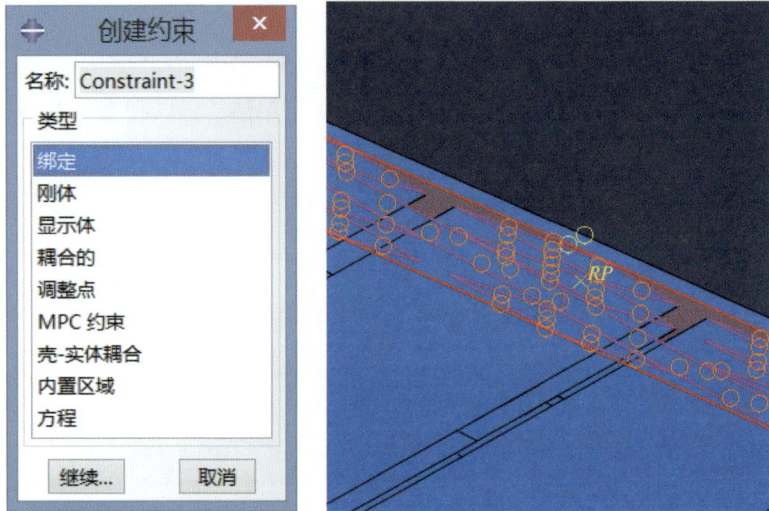

图 5-13　绑定的设置

（6）设置边界条件。

拉伸测试将一端用边界条件进行固定，另一端用刚体进行拉伸。进入载荷模块，创建边界条件→默认名称为BC-3→选择Step-1→力学→位移/转角→继续→从俯视图框选织物端部表面→完成→勾选全部方向→确定，完成将织物端部在三个方向上的位移和转动固定为0的设置，如图5-14所示。

拉伸测试中存在速度从0到匀速的过程，创建幅值→选择表→继续→创建一个短时间内幅值从0到1的变化，幅值的设定如图5-15所示。

创建边界条件→选择Step-1→速度/角速度→选择拉伸部件的参考点→完成→勾选全部方向→将拉伸方向速度$V3$（Z轴）设置为拉伸速度→选择创建的幅值→确定。拉伸的边界条件如图5-16所示。

（7）设置输出。

操作参见2.2.3（7），设置输出。

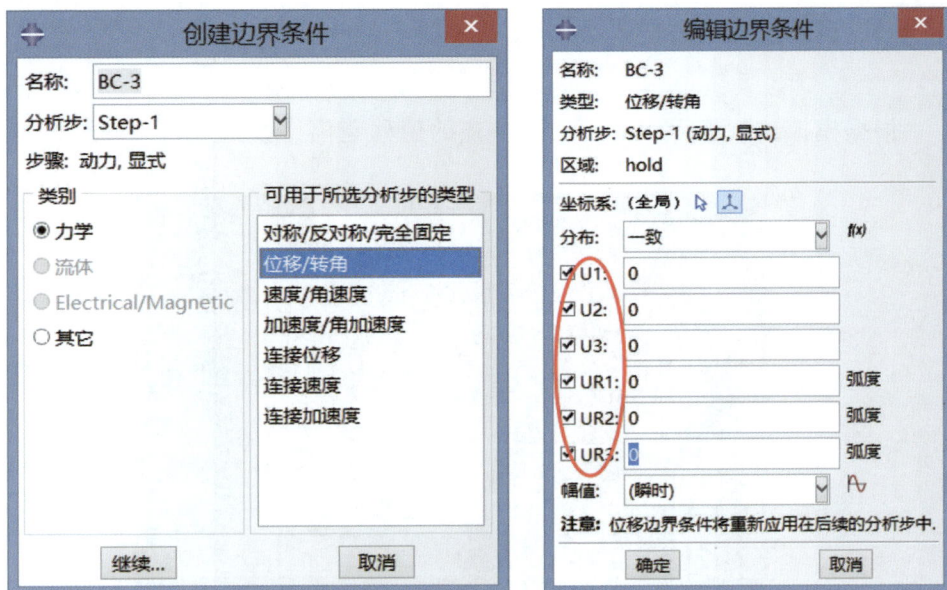

图 5-14　固定的边界条件

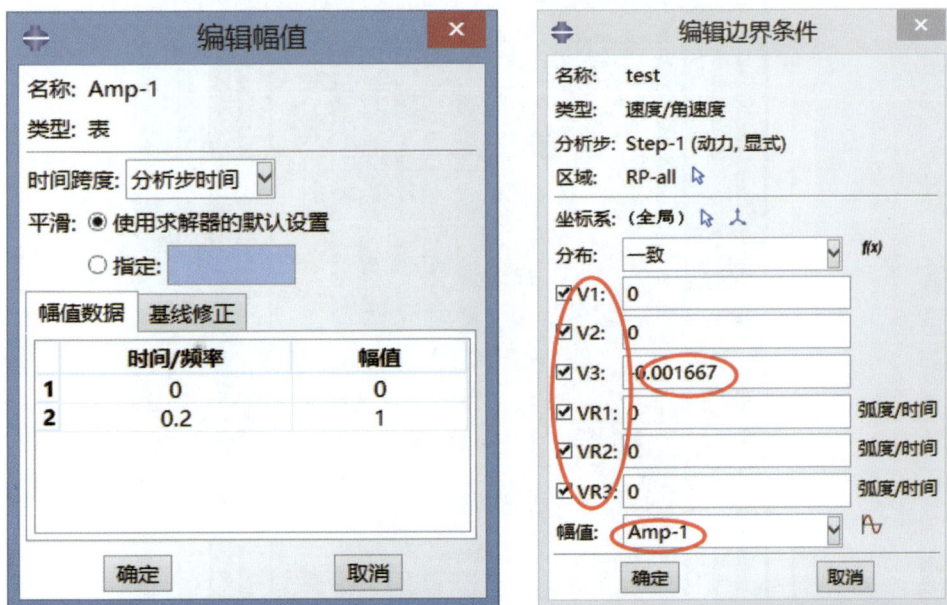

图 5-15　幅值的设定

图 5-16　拉伸的边界条件

5.3 结果分析

根据模拟结果显示出的每一个节点的位移变化，如图5-17～图5-20所

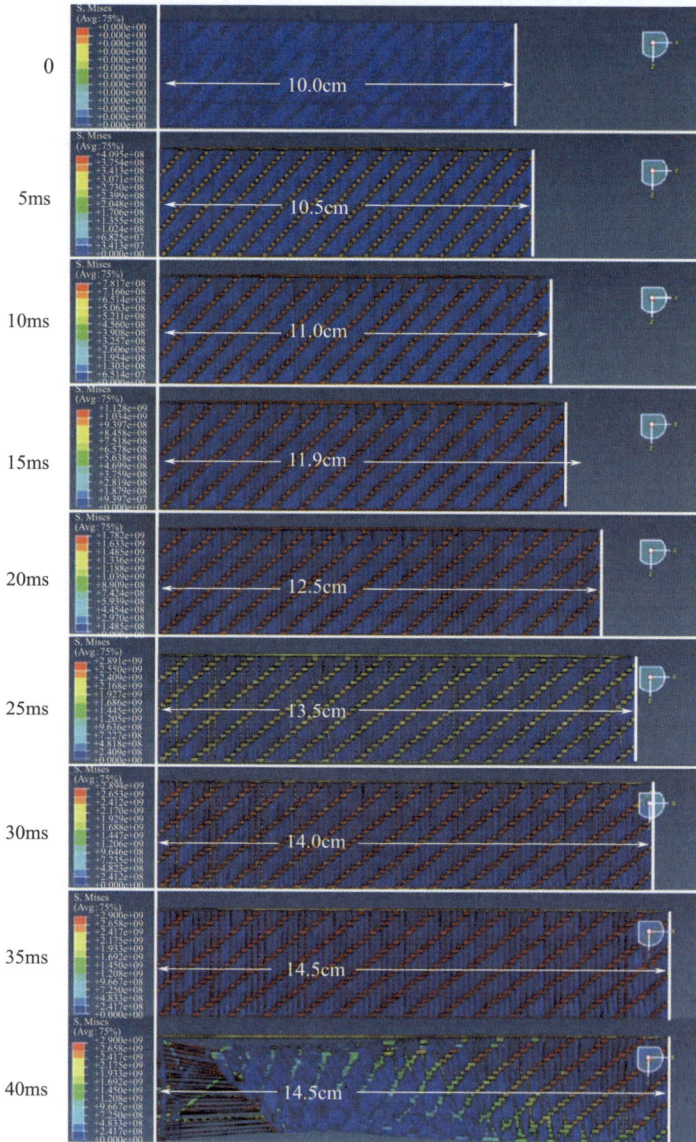

图 5-17　角联锁织物经向拉伸

示。利用公式：伸长率=（拉伸的后的长度−原长度）/原长度，可以计算得到织物的伸长率。可以从仿真模拟结果中发现在相同环境、相同力的作用下，这两种不同结构的三维织物的经、纬向拉伸位移相差不大。在应力分布方面可以得出相同点：应力只分布在拉伸方向的纱线上，垂直于拉伸方向的纱线上没有应力的分布。

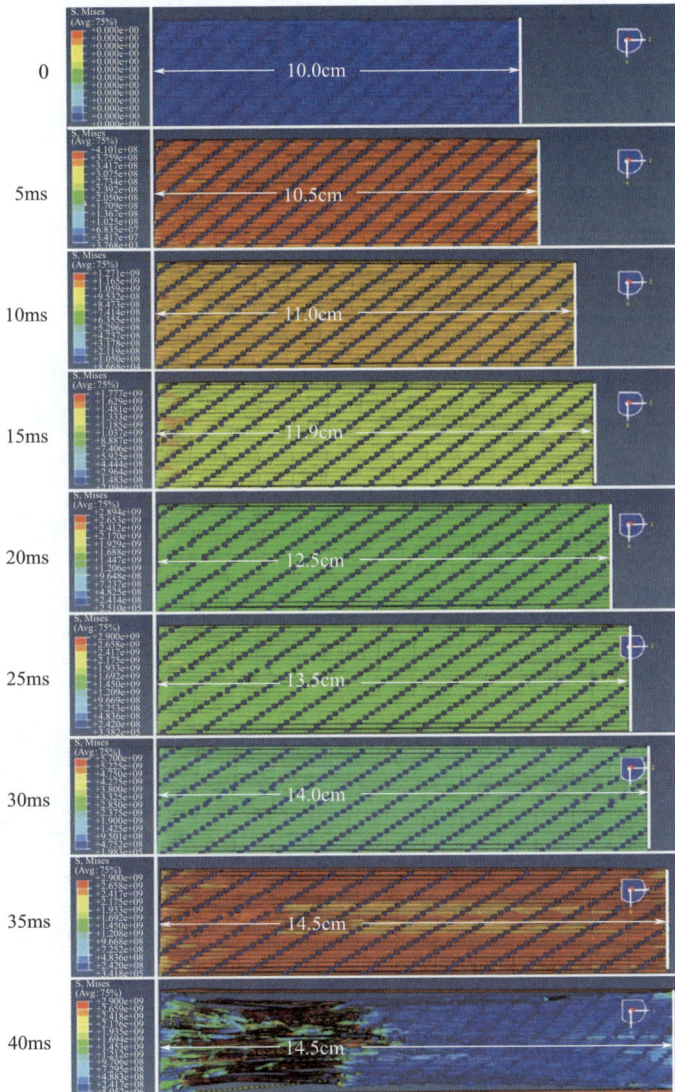

图 5-18　角联锁织物纬向拉伸

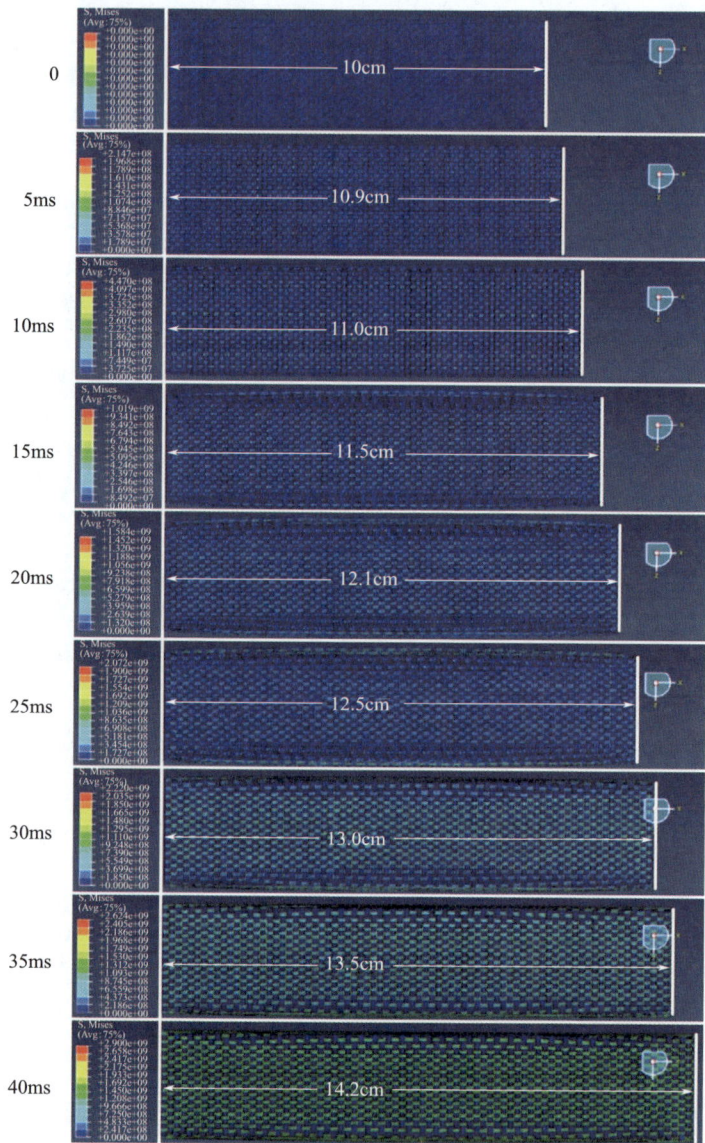

图 5-19　正交织物经向拉伸

　　不同之处是达到相同的拉伸长度后，角联锁织物经纬方向的拉伸全部拉断，正交织物的纬向拉伸开始发生断裂，而正交织物的经向拉伸并没有拉断；在应力传递速度方面，角联锁的经纬向应力传递速度相差不大，但是正

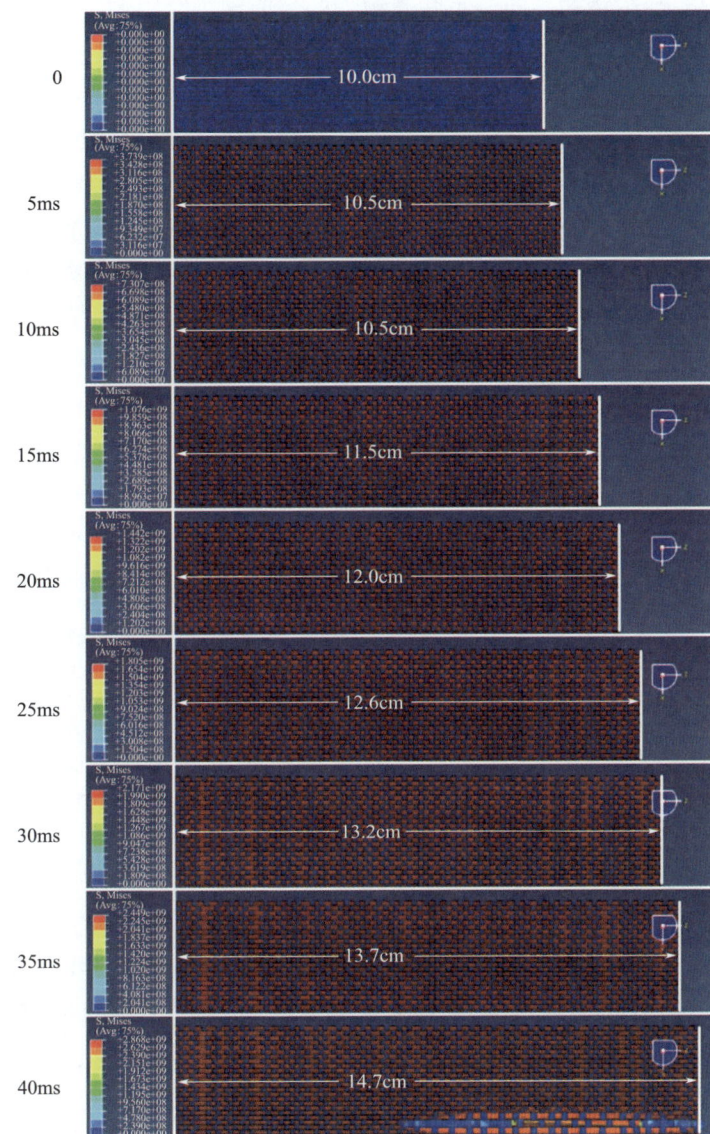

图 5-20　正交织物纬向拉伸

交织物的纬向拉伸应力传递速度远远大于正交织物经向拉伸，是由于其经纱屈曲的缠绕途径，应力无法快速地传递出去，所以其应力无法在相同的时间内达到正交织物发生断裂的应力，织物无法断裂。根据图5-17～图5-20的对比可以看出应力在四种织物上的传递并不相同，应力传递速度为：正交织物的纬向＞角联锁织物的纬向＞角联锁织物的经向＞正交织物的经向。

四种拉伸模型的应力—应变曲线如图5-21所示，可以发现四种模型的应力—应变曲线相差很大，对比四种曲线的斜率可以得出四种织物的模量大小，在伸长率达到20%之前，其模量大小为：角联锁纬向拉伸＞角联锁经向拉伸＞正交纬向拉伸＞正交经向拉伸；伸长率在20%～30%的时候，其模量大小为：角联锁纬向拉伸＞正交经向拉伸＞角联锁经向拉伸＞正交纬向拉伸；伸长率在30%后，其模量的大小为：角联锁纬向拉伸＞角联锁经向拉伸＞正交经向拉伸＞正交纬向拉伸。四种拉伸模型中，角联锁纬向拉伸的模量一直为最大，正交经向拉伸时的模量发生巨大的变动。

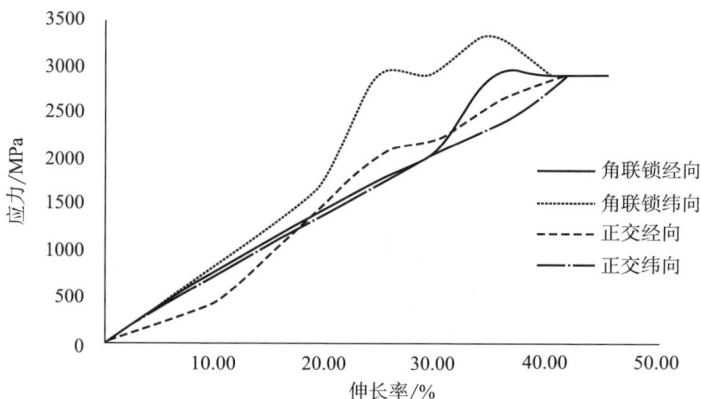

图 5-21　四种模型应力—应变对比

角联锁织物经纬向对比可知，角联锁织物的经纬向应力—应变曲线的整体趋势差别并不是很大，基本都逐渐上升，在最后呈波浪式上升，从图中可知角联锁纬向拉伸模型受到的应力明显大于角联锁经向拉伸模型受到的应力。从正交织物经纬向对比可知，前期正交纬向拉伸模型受到的应力大于正交经向拉伸模型受到的应力，但是在伸长率达到20%的时候，正交经向拉伸模型受到的应力开始大于正交纬向拉伸模型受到的应力。

角联锁织物和正交织物经向对比：可以从图中发现正交经向拉伸模型受到的应力只有在织物伸长率为20%～30%的时候才大于角联锁经向拉伸模型受到的应力，其余部分都是角联锁经向拉伸模型受到的应力大于正交织物经向拉伸模型受到的应力。角联锁织物和正交织物纬向对比，明显的可以从图中发现角联锁纬向拉伸模型受到的应力大于正交织物纬向拉伸模型受到的应力。

　　对比角联锁经纬向拉伸和正交经纬向拉伸的仿真模拟结果可以得出：①四种织物的伸长率基本一致；②其动能吸收是正交经向＞角联锁纬向＞正交纬向＞角联锁经向；③应变能可以看出角联锁纬向和正交纬向拉伸基本一致，它们的应变能是最大的，其次是角联锁经向，最小的为正交经向；④四种织物的摩擦耗散能相对比，角联锁纬向的摩擦耗散能最大，其次是正交经向，最小的为角联锁经向和正交纬向，其摩擦耗散能值基本为0；⑤对比四种织物的塑性应变能，只有角联锁纬向的塑性应变能最大，其他三种织物的塑性应变能基本为0。

第6章

三维机织物顶破性能有限元分析案例

三维机织物的顶破性能与多层的二维机织物不同，因为三维机织物在厚度方向上进行了增强。顶破性能是三维机织物的一项基本力学性能。顶破测试使用球形弹子以恒定低速垂直作用于四周被固定的圆形织物平面，依据弹子受力与位移曲线表征试样的顶破性能。但通过顶破测试很难得到顶破过程中的能量变化、应力分布等信息，难以推导出织物的顶破机理，因此通过有限元模拟分析三维织物的顶破性能是十分必要的。

6.1 案例背景

在三维机织物顶破性能模拟时，采用近似弹子式顶破试验仪的测试方法。参考测试标准GB/T 19976—2005《纺织品　顶破强力的测定　钢球法》，织物的长度设为7.5cm，宽度为7.5cm。为使减少模拟的计算量，在维持织物与钢球相对运动的前提下，将织物固定在夹具中，使钢球以一定速度向织物运动，进行顶破。

6.2 模型建立步骤

6.2.1 建立纱线和顶破部件

（1）纱线部件。

在有限元软件ABAQUS中建立角联锁织物的模型，因为实际纱线的截面是

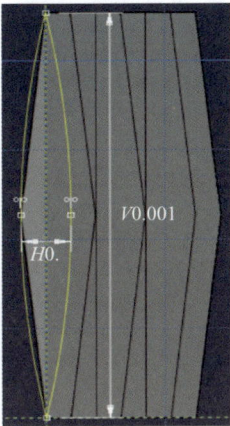

图 6-1　纱线横截面

一个不规则的形状，扫掠路径也难以精确测量，所以在有限元模型建立时，将其横截面视为一个类似椭圆形的形状，将此截面积的宽度定义为0.000105m，其长度定义为0.001134m，纱线横截面如图6-1所示。

确定织物横截面后，需要进一步确定纱线的扫掠途径，根据四层角联锁织物的组织与结构如图6-2所示，确定一个织物组织的循环总共需要六种不同路径的经纱和六组不同路径的纬纱，因为是四层织物，所以每一组纬纱有三种不同的扫掠路径如图6-3～图6-9所示。确定扫掠路径后在经过扫掠（Sweep）建立得到纱线的模型。

图 6-2　角联锁织物示意图

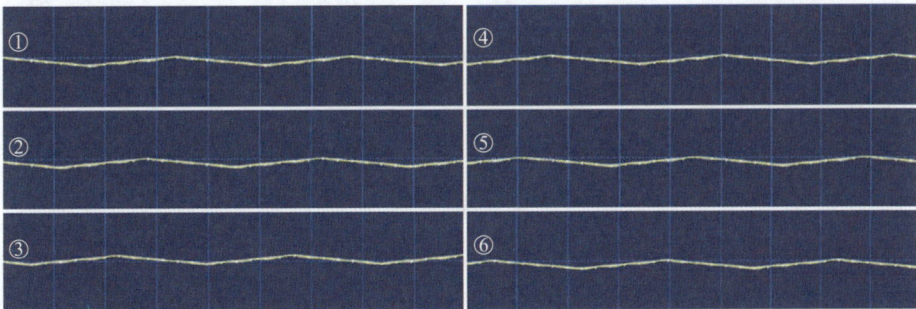

图 6-3　角联锁六种经纱扫掠途径

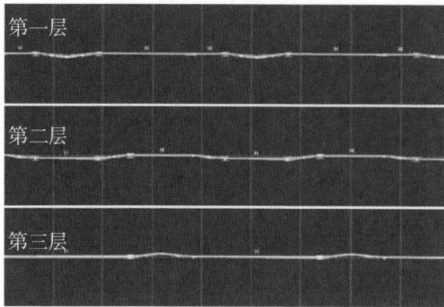

图 6-4　第 1 组纬纱扫掠途径

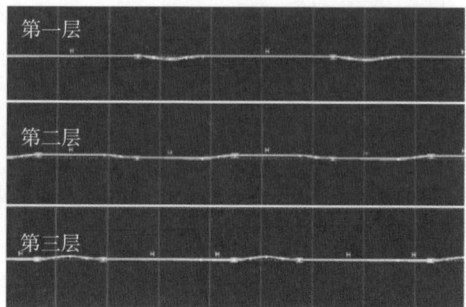

图 6-5　第 2 组纬纱扫掠途径

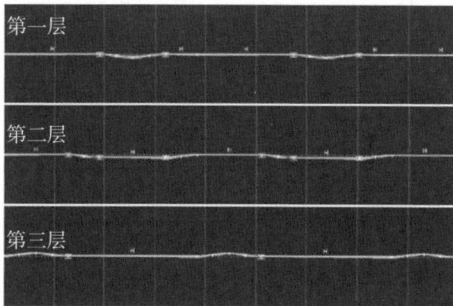

图 6-6　第 3 组纬纱扫掠途径

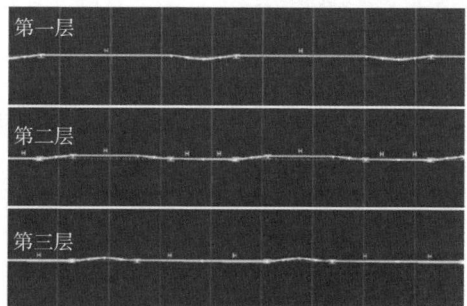

图 6-7　第 4 组纬纱扫掠途径

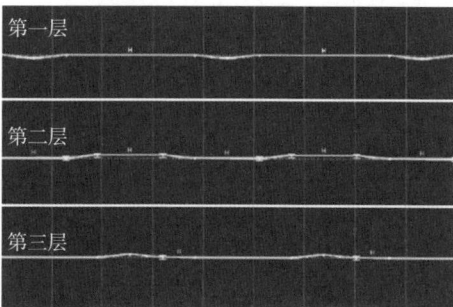

图 6-8　第 5 组纬纱扫掠途径

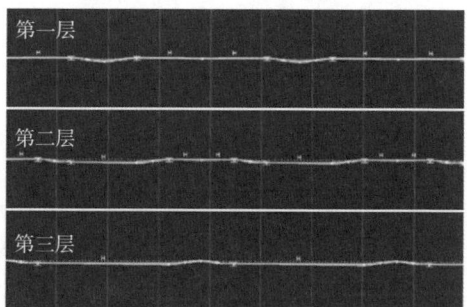

图 6-9　第 6 组纬纱扫掠途径

　　正交织物纱线的模型建立步骤同上，只是正交织物纱线的扫掠途径与角联锁织物不同。根据四层正交织物的织物组织与结构示意图，如图6-10所示，确定一个织物组织的循环需要一种扫掠途径的纬纱长度和两种不同扫掠途径的经纱长度，以顶破模型为例，纬纱的长度为0.075m，经纱以0.002556m

为一个循环，高度为0.00042m，如图6-11～图6-13所示。

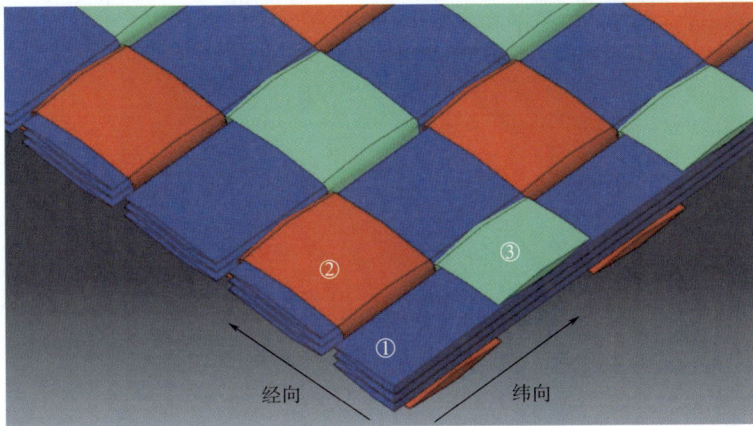

图 6-10　正交织物结构示意图

图 6-11　正交织物的纬纱扫掠途径①

图 6-12　正交织物的经纱扫掠途径②

图 6-13　正交织物的经纱扫掠途径③

（2）顶破部件。

顶破实验有弹子式和气压式两种方法，在此案例模型中，所采用的是弹子式顶破方法，需要用到一个球形刚体，通过旋转（Revolution）的方式去创建球形刚体，在部件模块中，点击创建部件，模型空间选择三维，形状选择实体，类型选择旋转单击继续，首先画一个直径为0.025m的半圆，以直径为轴旋转360°，球形模型如图6-14所示。

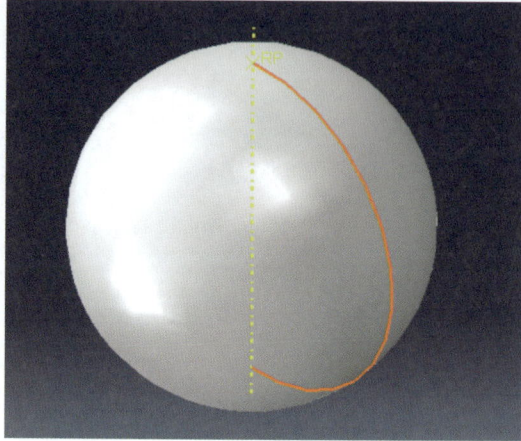

图6-14　球形刚体

6.2.2　装配织物和顶破部件

在装配（Assembly）模块中，首先需要创建部件实体（Create Instance），在创建实例对话框中，从部件中添加纱线，通过平移（Translate）和旋转（Rotate），装配好一个织物组织循环后，通过线性阵列（Linear Patten）将其特征按照一定的距离进行阵列，装配完成整个模型。

（1）角联锁模型。

经计算得出其经纱边纱截面宽度为0.00007m，高度为0.00024m，扫掠路径如图6-3中⑥号经纱，扫掠后得到模型如图6-15所示；经计算得出纬纱边纱截面宽度为0.00007m，高度为0.00024m，扫掠路径如图6-7所示，扫掠后模型如图6-16所示。

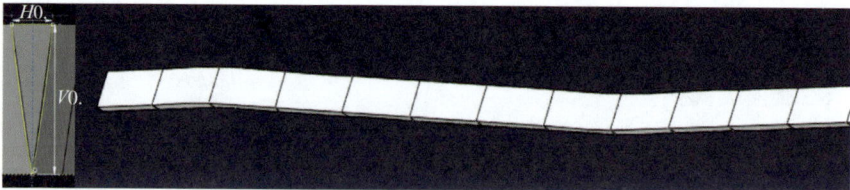

图6-15　经纱边纱的截面和模型

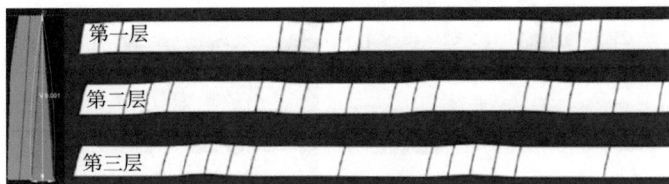

图 6-16　纬纱边纱的截面和模型

根据上述步骤建立经、纬纱线，如图6-3～图6-9所示，扫掠后得到单根经、纬纱线的模型如图6-17～图6-23所示。

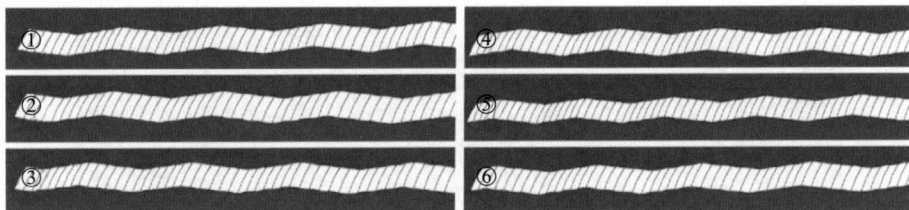

图 6-17　经纱扫掠模型

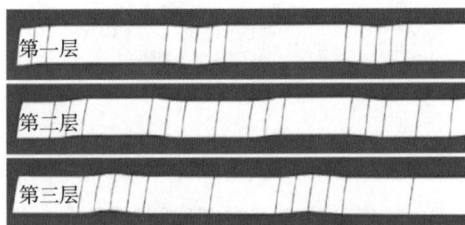

图 6-18　第 1 组纬纱模型

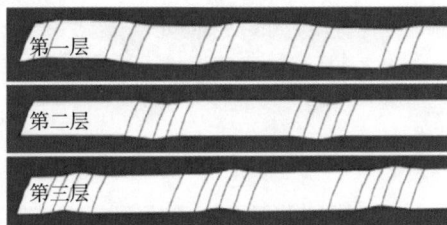

图 6-19　第 2 组纬纱模型

图 6-20　第 3 组纬纱模型

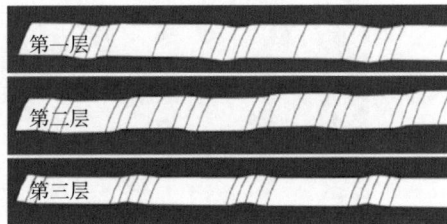

图 6-21　第 4 组纬纱模型

图 6-22　第 5 组纬纱模型

图 6-23　第 6 组纬纱模型

按照织物模型进行装配，如图6-24所示。除此之外，通过计算织物坐标将球形刚体放在织物模型的正中央，装配完成后的织物顶破模型如图6-25所示。

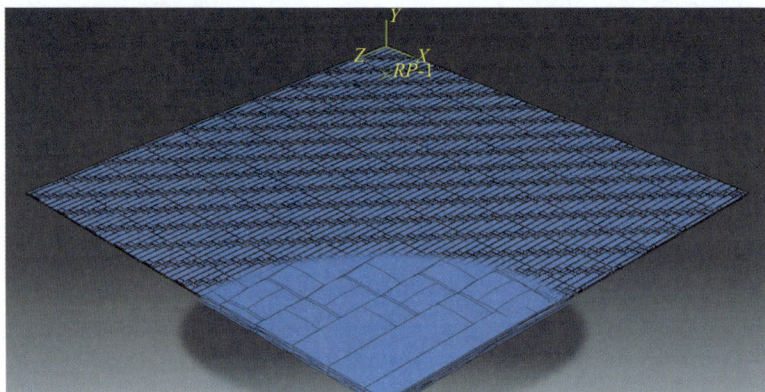

图 6-24　角联锁织物模型

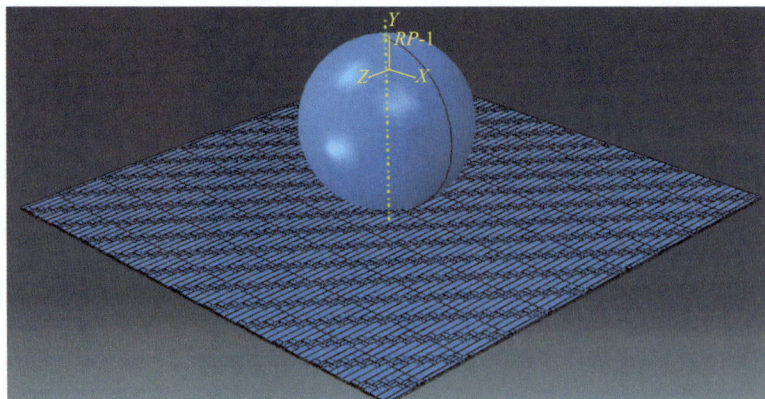

图 6-25　角联锁织物顶破模型

（2）正交模型。

正交顶破模型建立步骤如同角联锁顶破模型的建立。经计算得其经纱边纱截面宽度为0.00005m，高度为0.00016m，扫掠途径如图6-11所示，扫掠后得到经纱边纱截面及模型如图6-26所示；经计算得纬纱边纱截面宽度为0.000095m，高度为0.00075m，扫掠途径如图6-13所示，扫掠后得到纬纱边纱截面及模型如图6-27所示。

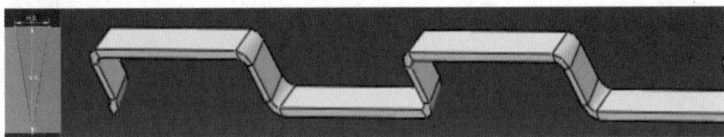

图 6-26　经纱边纱截面及模型

图 6-27　纬纱边纱截面及模型

根据上述步骤建立经、纬纱线，图6-11～图6-13扫掠后得到单根经、纬纱线的模型如图6-28～图6-30所示。

图 6-28　正交织物纬纱模型

图 6-29　正交织物经纱模型

图 6-30　另一根正交织物经纱模型

按照装配步骤进行织物模型的装配，如图6-31所示。除此之外，通过计算织物坐标将球形刚体放在织物模型的正中央，装配完成后的织物顶破模型如图6-32所示。

图 6-31　正交织物模型

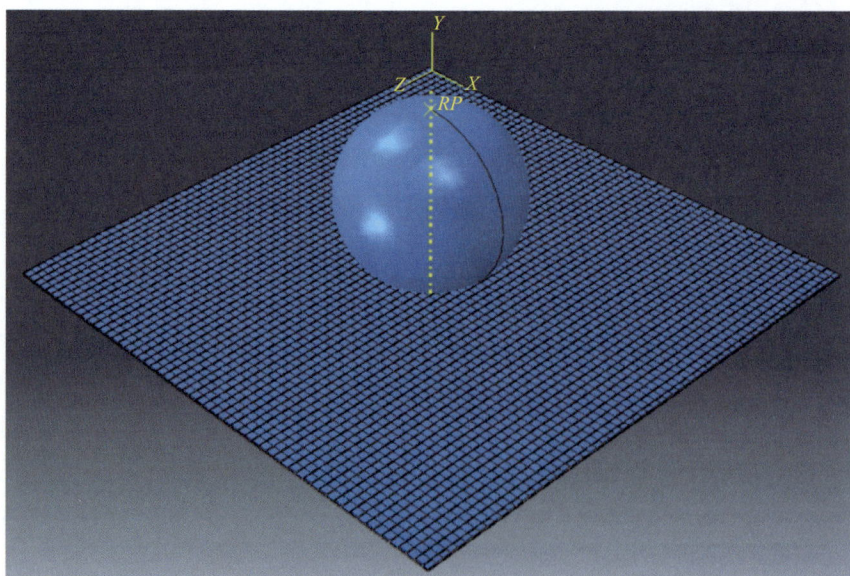

图 6-32　正交织物顶破模型

6.2.3　设置分析条件

在二维机织物的顶破测试中，需要设置顶破强力和顶破位移的历程输出。设置方法参见3.2.3。注意：二维织物与三维织物结构的不同，某些历程输出的需要的几何集可能难以选取。

6.3 结果分析

织物在球形刚体的冲击下发生形变直至织物破损，根据模拟结果显示出的每一个节点的位移变化，角联锁织物顶破位移如图6-33所示，正交织物顶破位移图如图6-34所示。根据式（6-1），可以得到织物发生顶破时的平均位移速度，根据其数据绘制曲线如图6-34所示。

$$\Delta v=\Delta s/\Delta t \tag{6-1}$$

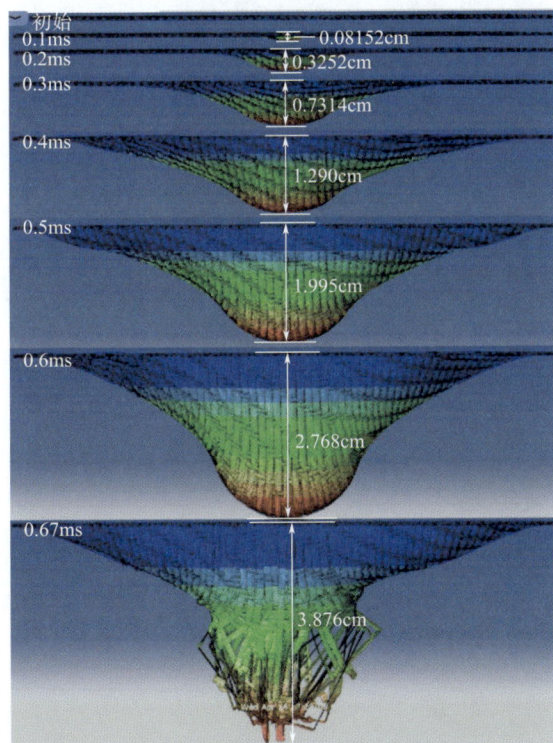

图 6-33　角联锁织物顶破位移图

对比角联锁织物和正交织物的位移图，从图6-33和图6-34中可以看出，角联锁织物的破损情况明显比正交织物严重，由此可以得知，在相同条件的情况下，受到球形刚体相同力的冲击下，角联锁织物产生的形变远大于正交织物，由此可知正交织物的顶破性能比角联锁织物的顶破性能优异。从图6-33和图6-34中可以发现，织物发生形变的速度基本一致，但在织物临近破损时，正交织物的位移速度稍大于角联锁织物，但结合模拟结果可视化的图形可以观察出，虽然正交织物的位移速度大于角联锁织物，但是正交织物的破损情况并没有角联锁织物严重,是由于在此时球形刚体的冲击下,正交织物正处于完全破损的一个临界,织物本身的回弹已经完全消失,正交织物随着球形刚体的运动而运动,而角联锁织物已经是破损的状态,根据模拟设定,球形刚体停止冲击,所以在顶破的最后一步,正交织物的位移速度大于角联锁织物的位移速度。

结合织物顶破产生的位移和模拟结果中显示的应力,绘制其模量图,如图6-35所示。从图中可以发现,角联锁织物和正交织物的曲线都呈S形分布,在相同的位移量变化下,明显发现正交织物受到的应力大于角联锁织物受到的应力,由此可以知道正交织物的模量大于角联锁织物的模量,这是由于正交织物的经纱缠绕纬纱的方式比角联锁经纱缠绕纬纱的方式更加紧凑、结实,所以正交织物的模量大于角联锁织物的模量。

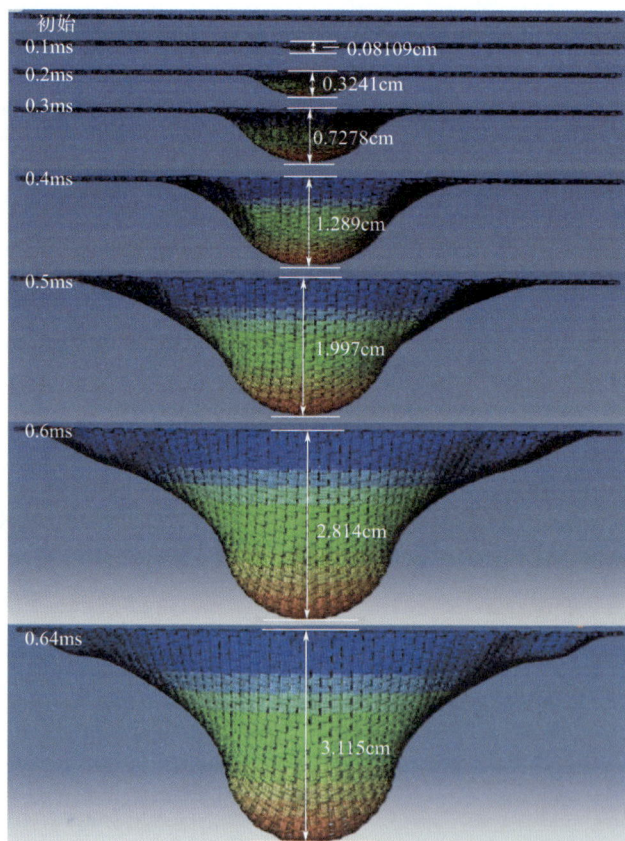

图 6-34 正交织物顶破位移图

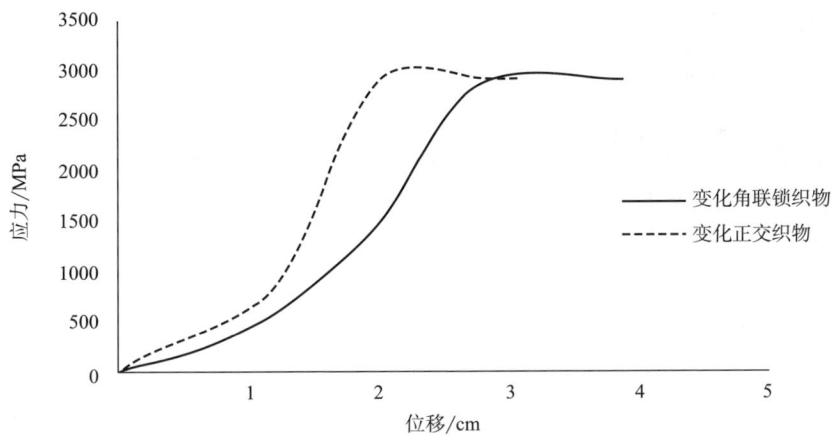

图 6-35　两种织物的位移—应力图

第7章

三维机织物弹道冲击有限元分析案例

近年来，纺织材料被广泛运用于军事、航空航天、医疗等领域。防弹织物的优良性能对于执行危险任务的士兵和警察显得极其重要，防弹衣在战场保护了士兵的安全，随着现代科技的发展，防弹衣的防护水平也越来越高，而三维机织物在防弹材料中的应用也越来越广泛。本章将采用ABAQUS进行建模，模拟三维织物在弹道冲击下的表现。

7.1 案例背景

织物的长度设为7.5cm，宽度为7.5cm。在织物一角使用1/4圆柱形子弹进行初速一定的弹道冲击，冲击处的布边添加对称的边界条件，固定织物外布边。

7.2 模型建立步骤

7.2.1 建立正交织物弹道冲击模型

（1）建立单根纱线和弹头部件。

①纱线部件。首先作出贯穿正交织物截面图，如图7-1所示。根据截面图所示需绘制三种不同屈曲路径的经线和一种屈曲路径的纬线。

要在ABAQUS中建立正交、角联锁等织物模

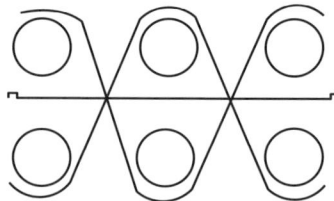

图 7-1　贯穿正交织物截面图

型，需要确定纱线的横截面形状、纱线扫掠运动路径。因为实际纱线的不规则形状，纱线截面和路径难以测量，近似将其横截面视为镜像对称的类似椭圆形的形状。将其宽度设为0.000105m，长度设为0.001134m，纱线截面如图7-2所示。

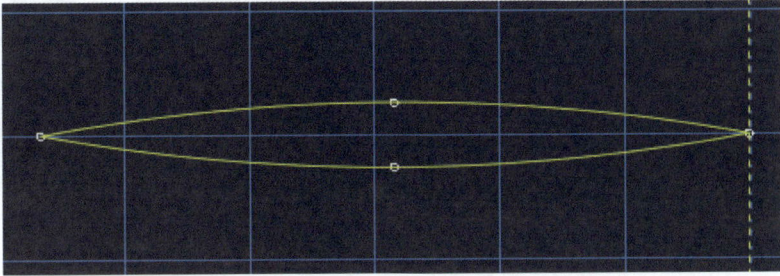

图 7-2　纱线截面图

确定纱线截面后，还需确定纱线的扫掠轨迹。四层正交织物纱线根据纱线卷曲，其一根经纱扫掠路径图如图7-3所示，设置宽度为0.00042m，一个循环周期为0.002556m的循环曲线。另一根经纱扫掠路径图与其正好相反。

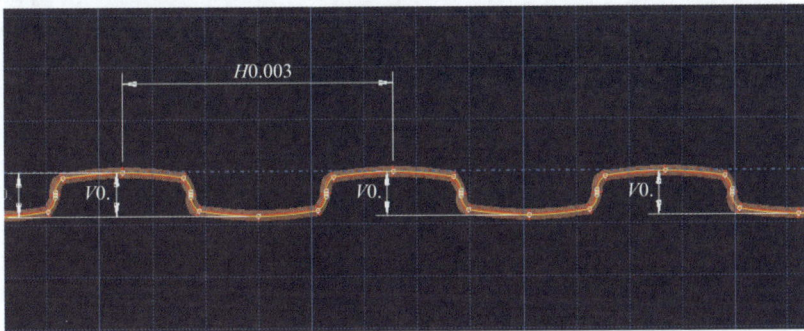

图 7-3　四层正交织物经纱扫掠路径

四层正交织物其纬纱路径图设置如图7-4所示，设置长度为织物长度的直线。

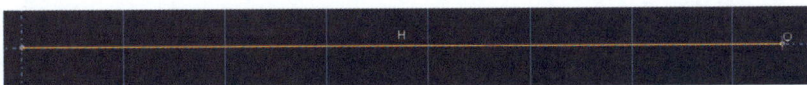

图 7-4　四层正交织物纬纱扫掠路径

经过扫掠后，其经纬纱模型如图7-5和图7-6所示。

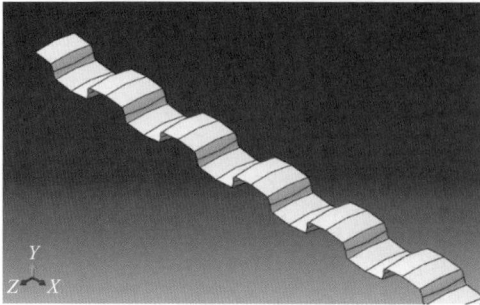

图7-5 四层正交织物经纱模型

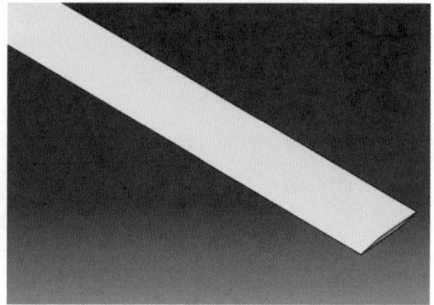

图7-6 四层正交织物纬纱模型

②弹头部件。接着是1/4弹头部件建模，通过拉伸，将弹头建为直径为5.56mm，1/4直径的圆柱体，如图7-7所示。

（2）装配正交织物弹道冲击模型。

织物尺寸为15cm×15cm，为了充分利用计算机资源，同时也因为织物具有对称性，将织物模型创建为总尺寸的1/4，减少网格单元数量，并在设置其边界条件

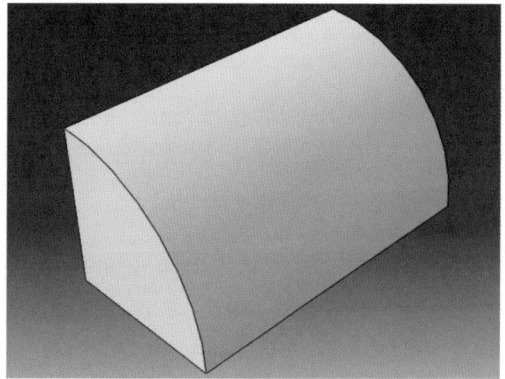

图7-7 1/4弹头部件模型

后，1/4模型的效果与总模型完全一致，所以采用以部分表示整体的方法。

在Assembly（装配）中，首先创建部件实体：Instance（实体）→Create（创建）命令。部件实体创建完成后，通过Translate（平移）、Rotate（旋转）、Linear Pattern（线性阵列）等。将两根纬纱垂直排列，通过Linear Pattern（线性阵列）将其复制，四层正交织物纬线排列如图7-8所示。

因所建模型为1/4模型，考虑到对称性，所以弹头处布边的纱线宽度设置为正常纱线的一半，布边纱线模型如图7-9所示。

布边宽度一半的经纱和两根经纱通过平移和纬纱交织。正交织物经纬纱交织如图7-10所示。

通过Linear Pattern（线性阵列），将经纱按0.002556m沿Z轴负方向排列。

并将弹头通过平移移至织物上方，弹头与四层正交织物1/4模型装配如图7-11
所示。

图 7-8　四层正交织物纬线排列

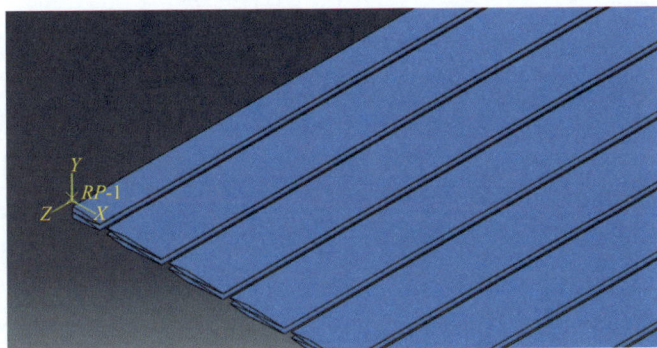

图 7-9　布边纱线模型

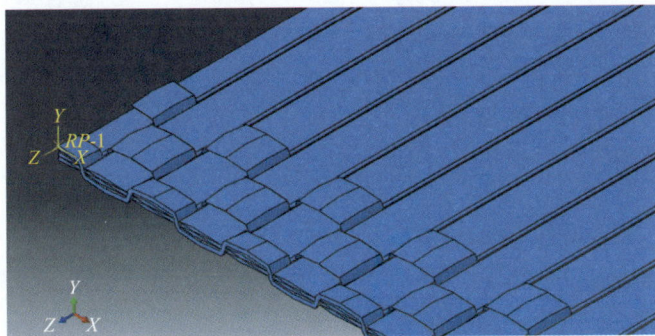

图 7-10　正交织物经纬纱交织

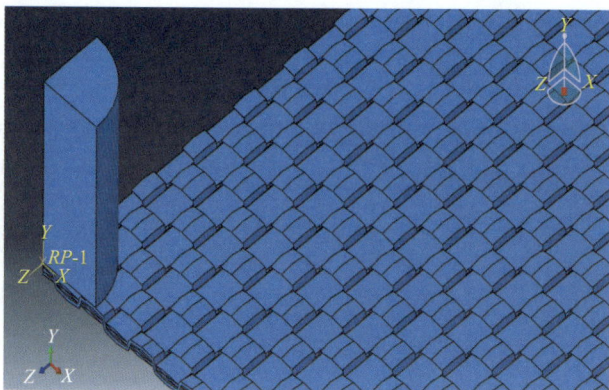

图 7-11 弹头与四层正交织物 1/4 模型

7.2.2 建立四层角联锁织物弹道冲击模型

（1）建立纱线部件。

首先对照四层贯穿角联锁织物设计图，如图7-12所示。

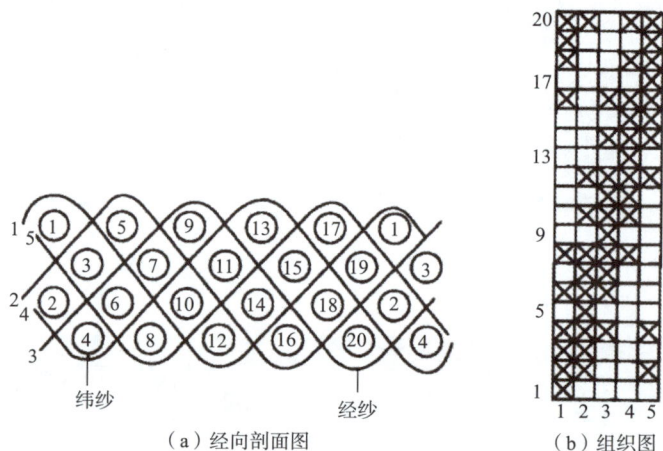

（a）经向剖面图　　　　　　　（b）组织图

图 7-12 四层贯穿角联锁织物设计图

根据四层贯穿角联锁织物设计图，需绘制5种屈曲路径不同的经纱和20种不同屈曲路径的纬纱。

四层角联锁织物纱线的横截面形状与尺寸与正交织物相同。四层角联锁织物经纱扫掠路径如图7-13所示，设置宽度为0.00042m，一个循环周期为

0.007668m的循环曲线。

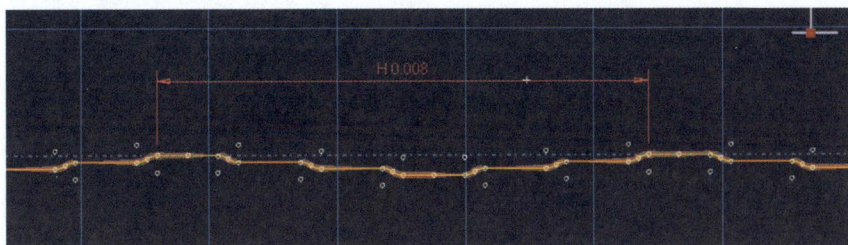

图 7-13　四层角联锁织物经纱扫掠路径

纬纱扫掠路径设置宽度为0.000105m，一个循环周期为0.007668m的循环曲线，如图7-14所示。

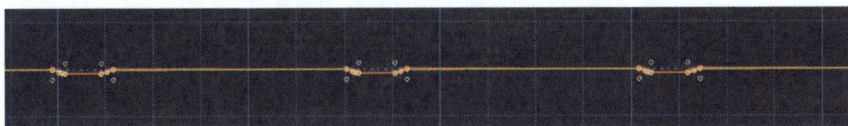

图 7-14　四层角联锁织物纬纱扫掠路径

经扫掠后，其经纬纱部件模型如图7-15和图7-16所示。

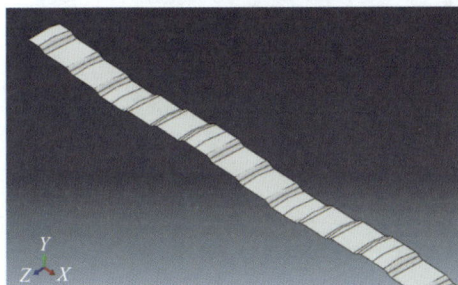

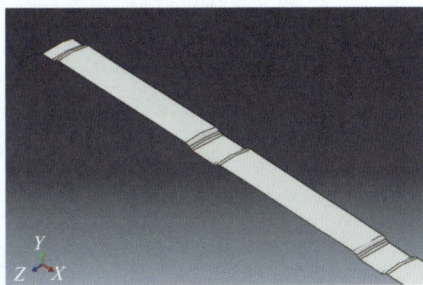

图 7-15　四层角联锁织物经纱部件模型　　图 7-16　四层角联锁织物纬纱部件模型

（2）装配角联锁织物弹道冲击模型。

进入装配模块，在创建实例对话框中，选择经纱，勾选从其他实例自动偏移，通过平移、旋转命令，将其经纱波峰点位于同一平面，再通过线性阵列将其排列为宽度为0.75m阵列，四层角联锁织物经纱排列如图7-17所示。在创建实例对话框中，选择经纱，勾选从其他实例自动偏移，通过平移、旋转命令，将经纬纱波峰点移至同一平面，再通过线性阵列，将经纬纱装配为完整纱线。四层角联锁织物模型如图7-18所示。弹头处考虑1/4织物对称因素，弹头处布边经纬纱采用横截面为完整纱线一半的纱线，如图7-19所示。

图 7-17　四层角联锁织物经纱排列

图 7-18　四层角联锁织物模型

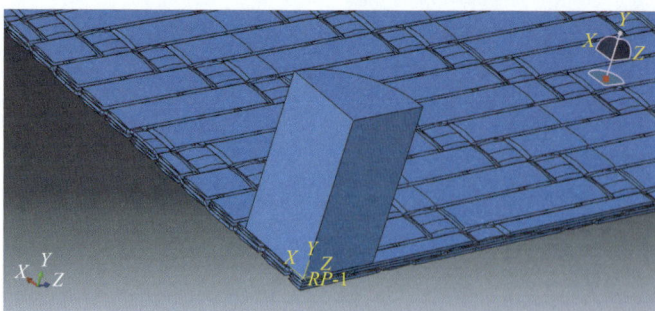

图 7-19　四层角联锁织物布边处模型

7.2.3　设置分析条件

（1）赋予材料属性。

本章模拟案例的织物均采用芳纶纱线，在模块列表中选择属性，点击创建材料命令，在编辑材料对话框中，对材料进行命名，在通用、力学选项中，输入芳纶材料具体参数。具体参数为：柔性损伤，断裂应变为0.0428，三轴应力为1.5，应变比为0.01，损伤演化断裂能为3500J/m²，质量密度1248kg/m³，弹性类型为各向同性，杨氏模量为7.24GPa，泊松比为0.3，屈服应力为2.9GPa，塑性应变为0。

在模块列表中选择属性，在属性模块中选择创建材料，对材料进行命名，在通用、力学选项中，输入子弹具体参数。子弹选择为平头弹，质量密度为7628kg/m³，弹性类型各同向性，杨氏模量为210GPa，泊松比为0.3。

（2）赋予截面。

ABAQUS/CAE不能直接把材料属性赋予模型，而是先创建包含材料属性的截面特性，再将截面特性分配给模型的各区域。分别创建Twaron、Steel截面，并将刚刚创建的子弹与芳纶属性分别赋予。

完成截面特性后，将在各部件的指派截面处赋予各自截面特性部分，分别将Twaron截面和Steel截面赋予纱线和弹头部件。在属性模块中点击创建截面在名称分别输入Twaron、Steel，在类别选项中选择实体，类型选择均质，单击继续，在材料选项中，对应选择芳纶和子弹的材料选择确定。在属性模块中点击指派界面，选择纱线的部件，再选择Twaron截面，点击确定。

（3）设置相互作用。

在相互作用属性创建接触的切向行为，为研究不同摩擦系数对弹道冲击性能的影响，静动摩擦系数设为三组数据，分别是0、0，0.4、0.35，0.8、0.75。衰减系数为1E+008。最后执行Interaction（相互作用）处创建相互通用接触，将刚刚创建的相互作用属性赋予它，并将子弹设定为刚体。定义相互作用属性步骤：进入相互作用模块，点击相互作用属性，在相互作用属性对话框中，名称命名为IntProp-1，选择接触并点击继续，在编辑接触属性对话框中，点击力学，选择切向行为，在摩擦公式中选择静摩擦—动摩擦指数衰减，并输入0、0衰减系数为1E+008等参数。点击创建相互作用，在创建相互作用对话框中，命名为Int-1，选通用接触，单击继续，在全局属性指派中选择IntProp-1，点击确定，相互作用创建完成。按此步骤依次创建IntProp-2、

Int-2、IntProp-3、Int-3。点击创建约束，在创建约束对话框中，命名为Constraint-1，并在类型的选项中，选择刚体，点击体单元，选子弹，参考点选择子弹头，并勾选在分析开始时将点调整到质心。

（4）设置载荷模块。

创建边界条件，限制弹头和织物的转动，固定子弹位移始终在竖直方向上，固定住织物最外层布边处纱线，在弹头处两布边纱线，限制其转角位移。定义边界条件的步骤为在载荷模块中，点击创建边界条件，命名为BC-1，分析步选择Step-1，选择力学，位移/转角限制对织物的转动。创建预定义场点击速度，在力学类别中选择速度，输入$V1/V2/V3$。

（5）划分网格。

为了充分利用计算机资源，网格设置需细分，织物上离弹头越远的部分，因能量变化较少，网格应大一些，离弹头越近，网格越密。在装配模块使所有实例独立，纱线根据离弹头远近分为5个部分如图7-20所示，种子尺寸分别为0.00026，0.00052，0.00082，0.001，0.0015。

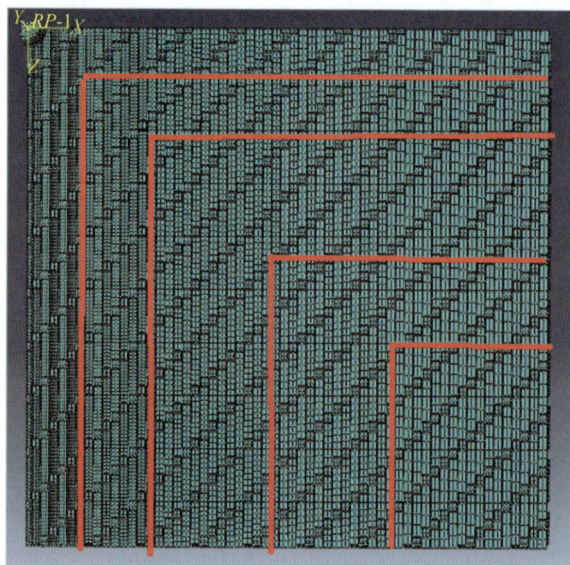

图7-20 角联锁织物网格划分区

（6）创建分析步。

根据弹头速度，设置分析步总时长，800m/s弹头可设置分析步时长为

40μs，定义场输出和历程输出，输出间隔为1E-007。场输出设置输出应力、应变，作用力和反作用力，接触，位移，勾选STATUS，使单元断裂后消失，更方便观察动画。历程输出设置输出弹头的位移、速度、加速度，织物各部分能量变化。定义分析步模块步骤：在分析模块中，点击创建分析步，命名为Step-1，选择通用、动力显式，在时间长度栏输入40μs；点击创建场输出，命名为F-Output-1，点击继续，频率为每x个时间单位，x栏输入1E-007，设置输出应力和应变、作用力和反作用力，接触，位移，勾选STATUS；点击创建历程输出，命名为H-Output-1，在输出变量中勾选位移、速度、加速度、能量，设置输出间隔为1E-007。

（7）设置预定义场。

操作参见4.2.3。

（8）设置输出。

在三维机织物的弹道冲击测试中，需要设置各种能量的历程输出。设置方法参见2.2.3（7）。注意：二维织物与三维织物结构的不同，某些历程输出需要的几何集可能难以选取。

7.3　结果分析

400m/s速度子弹冲击四层角联锁、四层正交织物后，其速度变化如图7-21所示。不论高速和低速，均为角联锁防弹效果较好。在400m/s冲击速

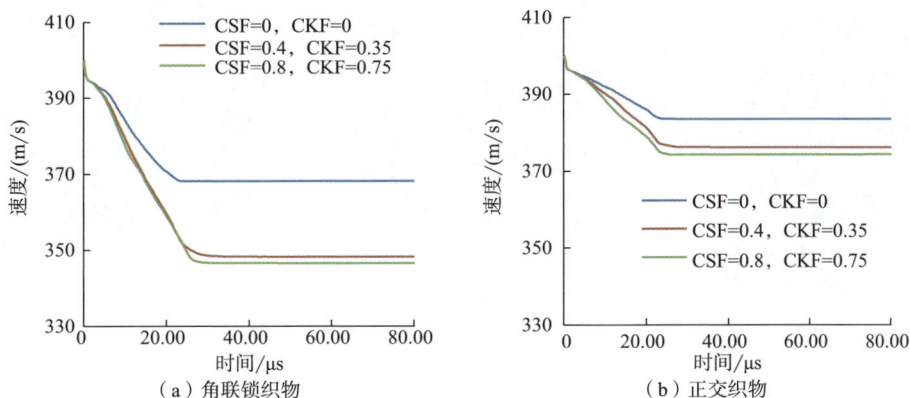

（a）角联锁织物　　　　　　　　　　（b）正交织物

图7-21　三维织物在400m/s冲击速度下子弹速度变化

度下，角联锁织物将子弹速度由400m/s降至340m/s，而正交织物将子弹速度由400m/s降至375m/s。

图7-22为四层角联锁织物在三种摩擦系数下冲击10μs后的应力分布图。

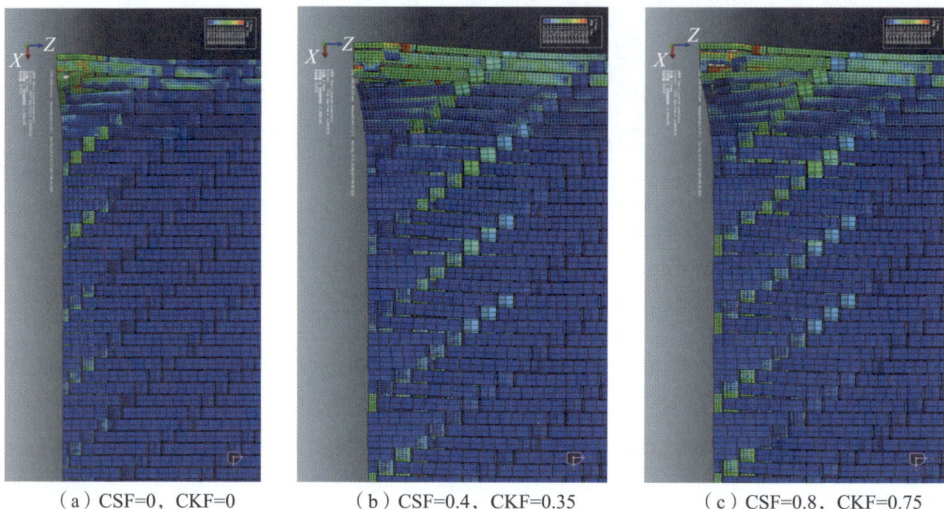

（a）CSF=0，CKF=0　　　　（b）CSF=0.4，CKF=0.35　　　　（c）CSF=0.8，CKF=0.75

图 7-22　四层角联锁织物在三种摩擦系数下冲击 10μs 后的应力云图

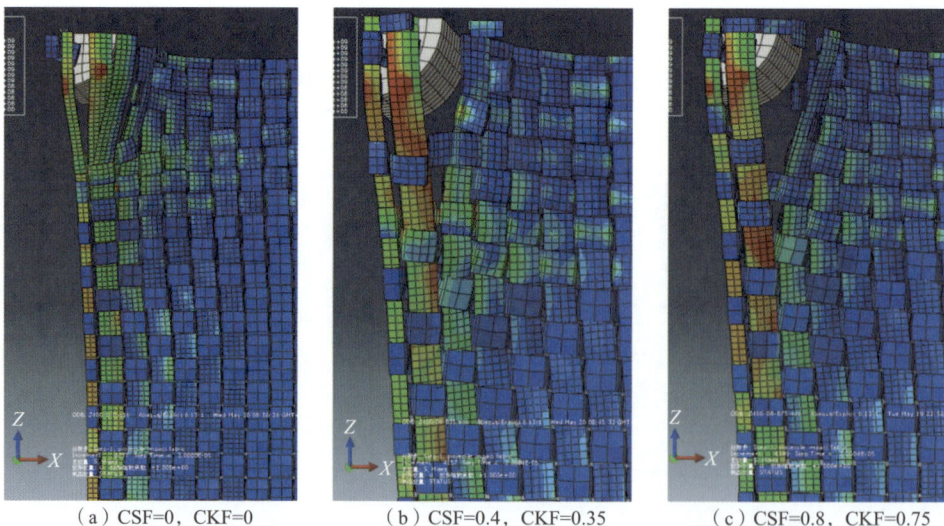

（a）CSF=0，CKF=0　　　　（b）CSF=0.4，CKF=0.35　　　　（c）CSF=0.8，CKF=0.75

图 7-23　四层正交织物在三种摩擦系数下冲击 10μs 后的应力云图

从图中可以看出，摩擦系数越高，应力分布越广。图7-23为四层正交织物在三种摩擦系数下冲击10μs后的应力分布图。相较于角联锁织物，正交织物已有一个方向的纱线发生断裂，且摩擦系数越高，应力值越大（颜色越深，应力越大）。四层正交织物在三种摩擦系数下冲击10μs后的应力云图，三种摩擦系数下应力沿纱线轴向均匀分布整根纱线；而垂直纱线轴向上，三种摩擦系数下应力均传播7根纱线，但摩擦系数为CSF=0.4、CKF=0.35，CSF=0.8、CKF=0.75时纱线上的单元颜色明显比摩擦系数为CSF=0时的深，其应力也更大（CSF表示静摩擦系数，CKF表示动摩擦系数）。

第8章

叠层机织物弹道冲击有限元分析案例

防弹层一般是由多层机织物叠合而成。在以往的研究中，纱线间摩擦力对织物弹道冲击性能影响的研究仅限于单层织物，而未扩展到多层织物中；而对多层织物防弹性能的研究较少且先前的研究又未考虑纱线间摩擦力因素。本案例是综合考虑二者的影响，揭示二者在弹道冲击过程中的耦合作用。

8.1 案例背景

对于多层机织物防弹层来讲，它是一个复杂系统，其涉及一维纱线性质、二维织物性质和三维防弹层性质。防弹层多级结构特性使其影响防弹性能的因素诸多，为其结构设计带来了许多难题。纱线间摩擦力是由织物细观结构如纱线细度、织物经纬密度、织物组织等因素决定；而织物层数是三维防弹层重要的结构参数，由此可将影响防弹层性能因素简化为纱线性质、纱线间摩擦力和织物层数。在纱线性质一定的情况下，如何进行结构的优化设计使其纱线性质发挥出来是关键。为此，本研究提出研究纱线间摩擦力与层数的耦合作用，对优化防弹层结构具有重要的理论指导作用。

使用有限元软件ABAQUS，模拟5.56mm圆柱形平头子弹以475m/s初速度在0~1.0的不同摩擦系数下分别对4层、8层、12层15cm×15cm芳纶平纹织物进行弹道冲击，使用1/4模型进行动力显式运算。

8.2　模型建立步骤

8.2.1　建立部件

弹道冲击测试使用的是0.075×0.075大小的织物的多层1/4模型，与拉伸测试中的经纬纱线长度不同，可沿用部件并修改纱线扫掠路径草图中调整一个重复周期的阵列数量和末端截取位置。重生成部件，以节省操作。参见2.2.1（1）。

在ABAQUS建模中，首先需要建立部件模型，然后使用部件模型装配来完成一个完整模型的建立。对于平纹织物来说，部件主要分为经纱和纬纱。因为所建立的模型是1/4的15cm×15cm平纹织物，为了确保子弹打在平纹织物的中心，并且接触面的几何中心在纱线上，而不是纱线与纱线的间隙中，需要建立一个1/2的经纬纱线。经纬纱线经过交织后，纱线会产生弯曲变形，形成周期性的卷曲，因此在建模时纱线并不能直接以直线的形式建模，模型建立的步骤如下。

①使用扫掠功能创建路径图，根据纱线卷曲的周期性画出一个最小的周期，一个卷曲周期为0.2556cm，曲线最高点为0.00525cm，再使用阵列工具完成7.5cm的路径，并用裁剪工具将多余的部分裁剪，路径图如图8-1所示。

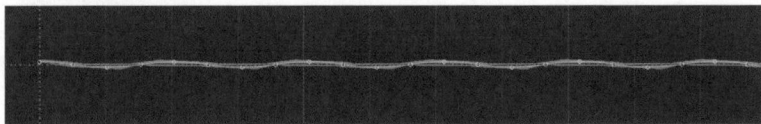

图 8-1　创建路径图

②画出截面草图，纱线中心厚度为0.0105cm，纱线宽度为0.1134cm，截面草图如图8-2所示。

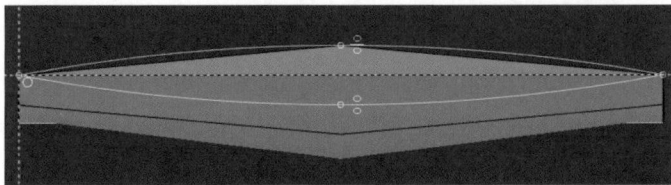

图 8-2　截面草图

③建立截面草图之后，点击页面下方的截面草图完成键，就可以生成一根纱线部件。

④使用种子部件工具，设置近似全局尺寸，完成部件种子指派。再使用为部件划分网络工具。在进行网络划分时，考虑到设备的性能和计算的时长，采用了主纱线单元格小，而次纱线单元格较大的方式，来最高限度的增加模拟数据的准确性。主纱线的横截面中有10个单元，而次纱线仅有6个单元。每根主纱线分为4100个单元，纱线模拟图如图8-3所示。

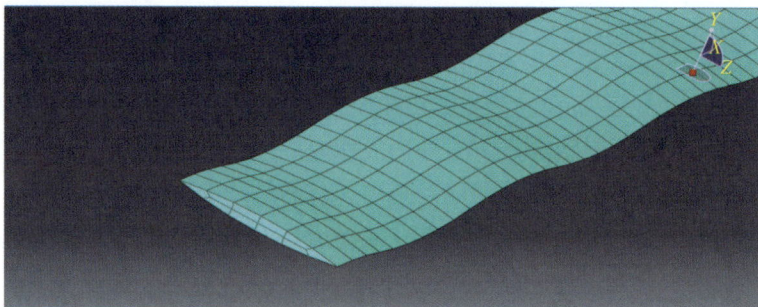

图 8-3　纱线模拟图

⑤用同样的方法完成其他纱线的建立，其中1/2纱线模型建立时，路径草图完全一样，而截面草图只需要完整纱线的一半，如图8-4所示。1/2经纱只需将完整经纱的截面草图上方1/2部分，1/2纬纱只需将完整纬纱的截面草图截去下方1/2部分。

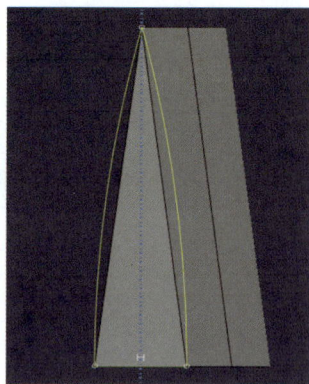

图 8-4　1/2 纱线截面草图

8.2.2　装配织物

织物模型的建立是通过装配模块实现的，在装配模块中，实例并不能简单看作部件，实例和原部件保持一定的关联性，会随着原部件的截面指派、单元划分、路径图和截面图的改变而改变。同时可以将一个部件化为多个实例进行装配。如果有需要也可以将实例独立，不再与原部件联系并且能独立修改。

①加入1根1/2经纱和1根1/2纬纱，通过旋转将两根纱线呈90°放置，再使

用平移工具使1/2经纱的最低点与1/2纬纱的最高点重合。1/2经纱最高点与原点重合，1/2纱线装配如图8-5所示。

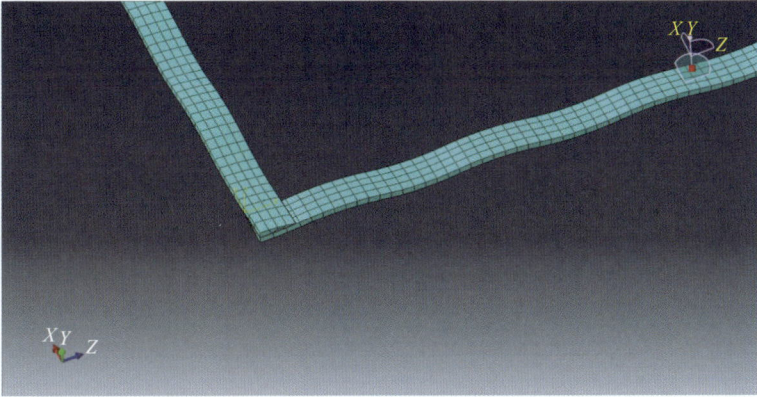

图 8-5　1/2 纱线装配

②加入完整的纬纱，使用平移工具让第一根完整纬纱的最低点和1/2经纱的最高点重合，第二根完整纬纱的最高点和1/2经纱的最低点重合。同理放入经纱，主纱线装配如图8-6所示。

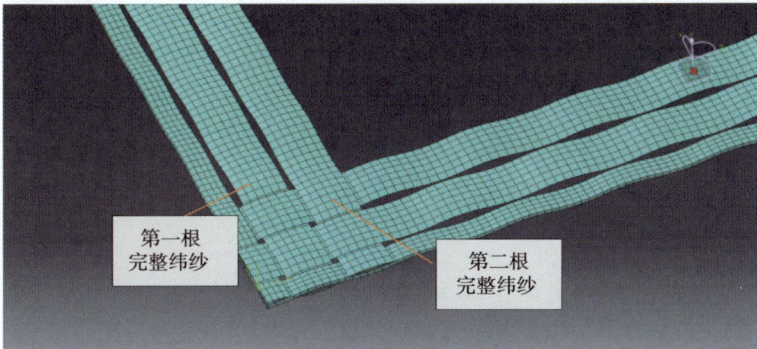

图 8-6　主纱线装配

③使用阵列工具完成剩下纱线的放置，在方向1上偏移一个周期即0.2556cm。纱线间的间隙为0.0144cm，阵列如图8-7所示。

④由于最后一个周期并不完整，需要通过测量建立一个补边纱线来使织物完整，补边纱线最厚处厚度为0.0052cm，宽度为0.0165cm。放置补边纱线。

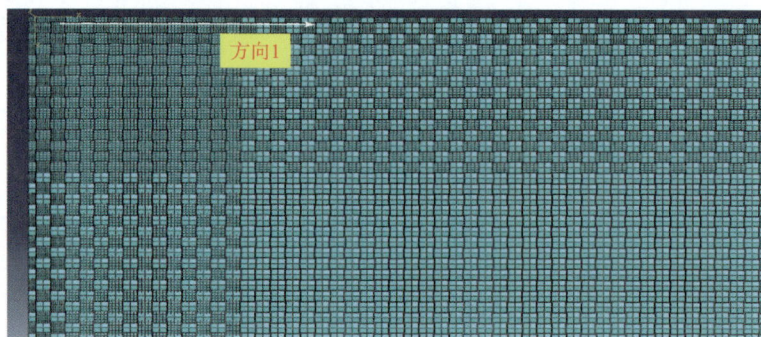

图 8-7　阵列

⑤导入5.56mm平头子弹模型，建立参考点RP，使用平移和旋转工具将参考点和参考系坐标原点重合。

⑥使用阵列工具，对整层织物沿Y轴方向阵列，偏移0.2661cm，个数分别为4、8、12个。完成对4、8、12层织物—子弹模型的建立，如图8-8～图8-10所示。

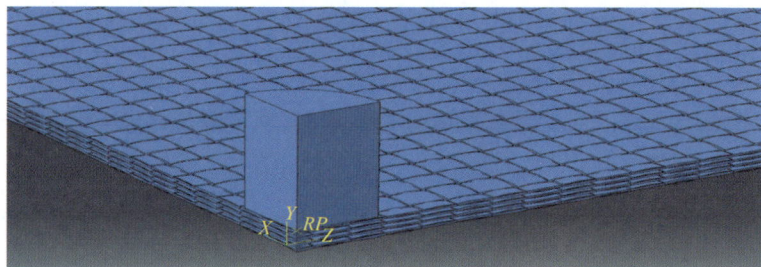

图 8-8　4 层织物—子弹模型

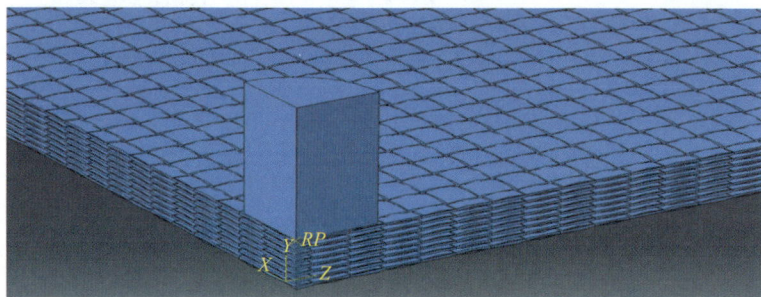

图 8-9　8 层织物—子弹模型

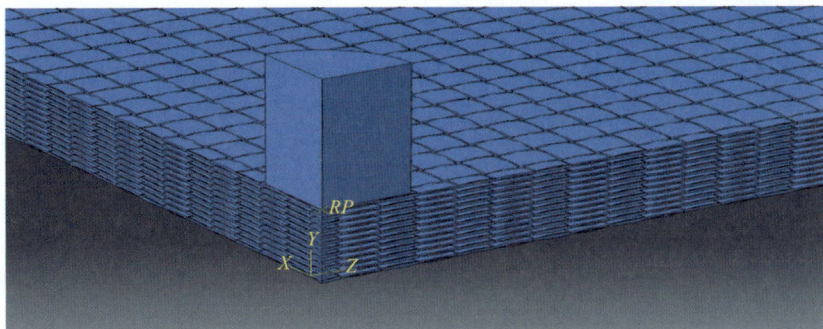

图 8-10　12 层织物—子弹模型

8.2.3　设置分析条件

（1）输出设置。

①场输出请求：场输出请求是随时间变化而变化的，可以用于模型绘图。设置输出应力、应变，作用力和反作用力，接触，位移/速度/加速度，状态/场/用户/时间，体积/厚度/坐标。为了是模拟结果更便于观察，需要勾选 STATUS，这会使单元被断裂之后消失。

②历程输出请求：历程输出是根据变量结果输出为一个 $X—Y$ 图形，需要输出织物能量的变化，子弹的位移、速度和加速度，接触表面的应力导致的合力。

（2）参数设置。

选用的子弹模型为平头弹，密度为 $7628kg/m^3$；弹性类型为各向同性，杨氏模量为 $210GPa$，泊松比为 0.3。

选用纱线为芳纶纱线，质量密度为 $1248kg/m^3$；断裂应变为 0.0428，三轴应力为 1.5，应变比为 0.01，损伤演化的断裂能为 $35000J/m^2$，弹性类型为各向同性，杨氏模量为 $72GPa$，泊松比为 0.3，屈服应力为 $29GPa$，塑形应变为 0。

子弹在冲击多层平纹织物时，摩擦力可分为三种，分别为层间的摩擦、子弹与纱线间的摩擦、纱线与纱线间的摩擦。将这三种摩擦设为相等的值。动摩擦系数除静摩擦系数 $\mu_s=0$ 时为 0 外，都比静摩擦系数低 0.05。如摩擦系数等级为 4 级时，层与层之间，子弹与纱线之间，纱线与纱线之间的静摩擦系数（μ_s）都为 0.3，动摩擦系数（μ_k）都为 0.25。

8.3 结果分析

　　总能量的吸收是在子弹冲击过程中子弹动能的损失，等于织物吸收的能量及耗散能量的总和。织物被破坏时，子弹动能随摩擦系数增加的变化趋势如图8-11所示，可以看出较高纱线间摩擦的织物使得撞击子弹穿透织物的时间更长。具有较高纱线间摩擦的织物吸收的能量大于较低纱线间摩擦的织物所吸收的能量。织物层数的增加可以增加能量的吸收，部分范围内摩擦系数能量的吸收得到明显增加。在一定范围内，摩擦系数的增加能有效提升能量的吸收。对比三种层数，在12层之下，在CSF=0.4、CKF=0.35~0.8、CKF=0.75时的能量吸收得到明显提升，提升率从35.38%增加到89.49%。12层织物在CSF=0.9、CKF=0.85~1.0、CKF=0.95摩擦水平时，织物吸能下降。纱线间摩擦将防弹性能提高到极限值。超过此阈值，增大摩擦可能会对能量耗散和失效机制产生不利影响。对于织物层数而言，随着层数的增加，织物总能量吸收越多，且随着摩擦系数的增加，总能量吸收量越多。同时，织物层数越多，织物总能量吸收量随摩擦系数的增加量越多。在摩擦系数从CSF=0、CKF=0改变到CSF=1.0、CKF=0.95，12层织物吸收能量最高提升率达到89.49%，远远超出4层最高提升率35.38%。但摩擦系数过高，总能量吸收量有下降的趋势。图8-12是不同摩擦系数下的破坏图，从图中可以看出，摩擦系数越高，织物破坏口随着摩擦系数增加被"崩开"的现象越加明显，即为脆断。

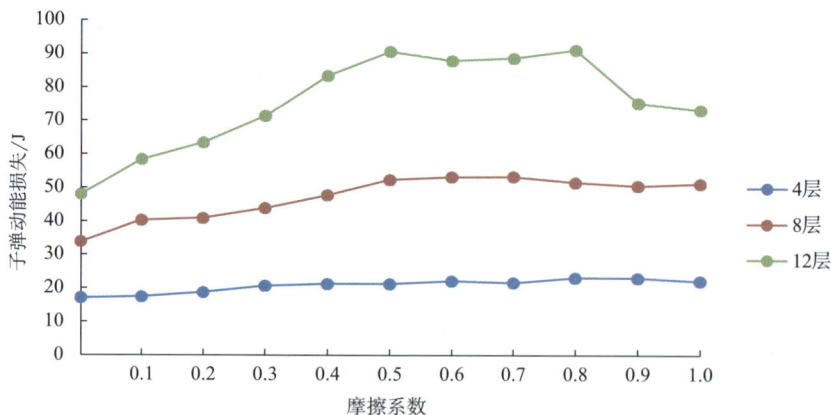

图 8-11　纱线内摩擦系数对子弹动能损失的影响

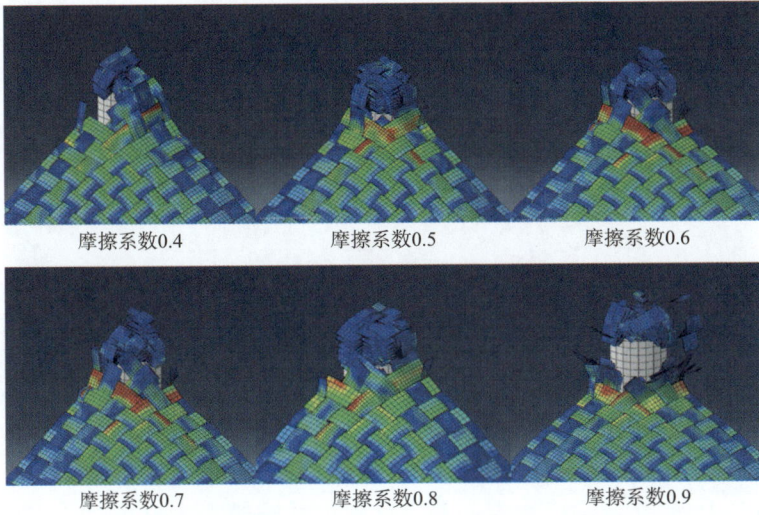

摩擦系数0.4　　　　摩擦系数0.5　　　　摩擦系数0.6

摩擦系数0.7　　　　摩擦系数0.8　　　　摩擦系数0.9

图 8-12　摩擦系数为 0.4 ~ 0.9 时织物在第 12 层的断裂方式

第9章

UD 织物弹道冲击有限元分析案例

随着科学技术的迅猛发展，枪支的伤害能力在不断提升，对相关防护材料防弹技术的要求也不断增加、严苛。在防弹衣防护中，超高性能聚乙烯（UHMWPE）材料的应用已经成为重要的研究方向。UHMWPE无纬（UD）织物作为一种高效能量吸收材料，在弹道冲击防护方面显示出显著优势。因此，建立UHMWPE-UD织物模型并进行弹道冲击模拟十分重要，将会为其在防弹应用的优化设计方面提供必要的理论依据。

9.1 案例背景

本案例将通过有限元分析方法，深入探究UD织物在弹道冲击下的力学行为及性能表现。所选用的防弹板材料为市面上常见的UHMWPE-UD织物，其优异的强度、韧性在防护领域具有广阔的应用前景。图9-1展示了UHMWPE-UD纺织复合材料织物在子弹冲击前后的变化，开展模拟研究工作能够深入分析其在受到子弹冲击时的具体力学响应和能量吸收机制。在模拟冲击过程

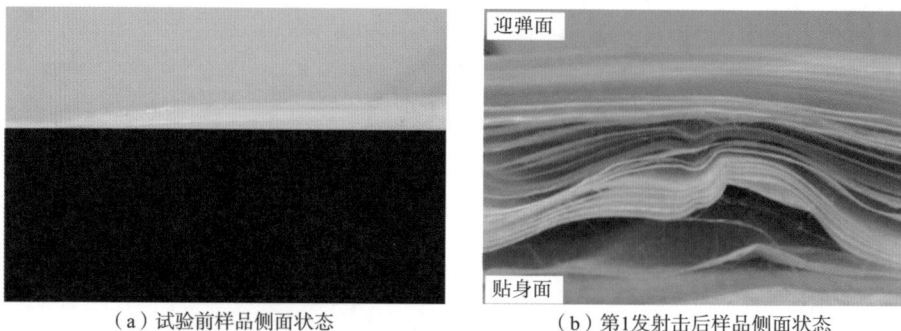

（a）试验前样品侧面状态　　　　　（b）第1发射击后样品侧面状态

图 9-1　UHMWPE-UD 纺织复合材料织物在子弹冲击前后的变化

中，采用1/4圆柱形子弹进行冲击，UD织物的设计尺寸为长7.5cm，宽7.5cm，旨在满足模拟要求的同时，节约运算时间和运算量，提高分析效率。同时，为更贴近实际使用条件，设定织物四周固定，模拟其在固定装置中的约束状态。UD纺织复合材料织物中的树脂与织物之间的相互作用对材料的整体性能具有重要影响。因此，在本案例中，采用摩擦系数来模拟这种相互作用，从而更准确地反映材料在冲击过程中的力学行为。通过设定合理的摩擦系数，更真实地模拟树脂与织物之间的摩擦效应，从而得出更准确的模拟结果。

通过有限元分析，能够获得UD纺织复合材料织物在冲击过程中的应力分布、变形情况以及能量吸收等关键数据。这些数据有助于深入理解UHMWPE-UD纺织复合材料织物在冲击作用下的响应机制，为该材料优化设计和性能提升提供指导。

9.2　模型建立步骤

9.2.1　织物结构

要建立UD纺织复合材料织物的模型首先就是要对它有深入的了解，为此选择了市面上较常见的一种UHMWPE-UD纺织复合材料织物，宏观图如图9-2所示，能够大致在织物表面观察到纤维纵向和横向的纹路。为了能够实际观察到UD布的微观排列结构，采用电镜截面观察法。准备好UD纺织复合材料织物和截面样品台，准备制样观察：裁剪出适合仪器样品台尺寸的式样大小，使用适量的导电胶将样品粘贴在样品台上，为防止试样脱落可以在最外面粘上胶带使其贴紧（要注意要先将试样截面台使用酒精棉进行细致的清洁，全程需要使用镊子制样，避免直接用手直接接触造成样品破坏），然后喷金。最后使用电子显微镜进行500倍放大观察，观察到的织

图 9-2　UHMWPE-UD 纺织复合材料织物
宏观图

物截面如图9-3所示。

由于电镜观察的试样是使用剪刀对织物剪切，会对每根纱线的截面作用剪切力，而使其截面形变，无法观察到实际上完整的纱线截面，所以接下来再采用树脂法：材料用到塑料盒和树脂，先裁剪合适大小的UD纺织复合材料织物和铝箔纸，用胶将织物紧夹在两张铝箔纸之间（铝箔纸的作用是能通过它准确定位需要观察的织物位置），将整个试样继续用胶贴在盒子底部，防止倒入树脂

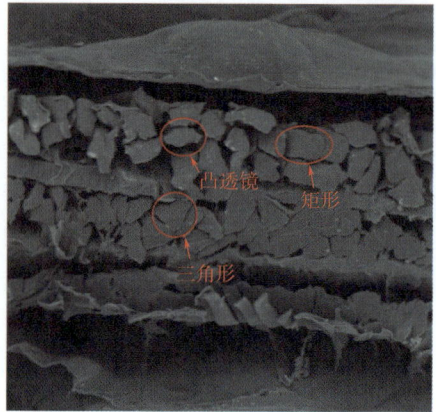

图 9-3　UD织物横截面电镜图

之后往上漂浮而无法完全受到浸没，在混合A、B胶制作树脂时要注意混合时一直顺着一个方向搅拌，倒入时也尽量要缓慢均匀，避免小气泡的产生从而影响观察效果。静置24h树脂完全凝固之后，用切割机从试样中间切开，然后用不同型号的砂纸将截面抛光，最后使用超景深光学显微镜观察截面，如图9-4所示。由于织物受到了树脂的固定，所以在切割时织物纱线的截面形状改变较少，更加还原真实状态，可以观察到图中大多数是类似于矩形的截面，例如图中圈出的一根纱线截面表现较为明显。

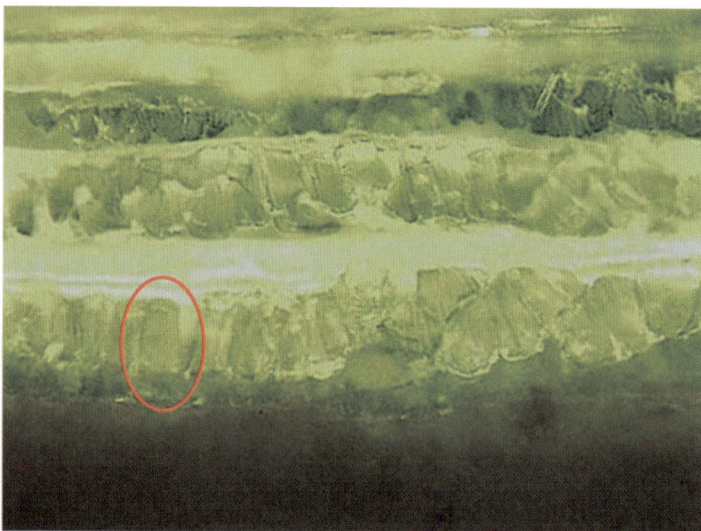

图 9-4　UD织物树脂横截面超景深图

9.2.2　建立纱线和子弹部件

（1）凸透镜形纱线部件。

要建立UD织物模型，首先必要的就是建立构成织物基础的纱线模型。根据借鉴参考前人学者的研究和查阅相关资料，由于一般机织物的截面近似扁平的凸透镜形，所以选择相同的截面形状绘制UD织物。由于UD织物的纱线是每层相互呈90°相互交错叠放，单层的纱线是平铺排列，所以每根纱线都是伸直平行的，不会像一般普通织物一样会存在屈曲的波状。

为了减少计算机的计算时间，采用建立1/4模型的方式，所以相应的纱线模型需要经纬向各创建三根，分别是1/2截面纱线模型、完整纱线模型和边缘纱线模型，所有的纱线长度也为一半的长。这三根纱线的不同点仅仅在于截面的差异，下面将详细介绍纱线的创建过程。

在部件模块中点击创建部件，可以对其进行自命名以便区分不同的部件，选择创建实体的拉伸类型，并填入适当的草图尺寸进入截面草图的绘制，在绘制时为了统一，采用标准单位：m。首先绘制完整的纱线模型，选择使用三点确定一个圆弧的方法：两端点相聚0.001134m，圆弧最高点为0.000525m。绘制好一半的圆弧之后，采用镜像的方式完成整个凸透镜形的截面，最后确定拉伸的深度即纱线的长度为0.075m，一根完整纱线模型就此建立成功。然后可以重新创建新的部件来绘制新模型，也可以直接复制该模型在这个基础上更改截面形状，重新生成新的模型。1/2纱线模型就是在原来的基础上在两个圆弧的最高点连接一根直线，然后使用打断工具截掉两个圆弧的一半；边缘纱线的截面需要将经过计算，根据布长和纱线的宽度与间隔空隙，来确定还需要填补多宽的纱线才能拼成一块完整的正方形织物，将重新生成即可。具体的凸透镜形纱线模型截面草图如图9-5～图9-7所示，凸透镜形纱线模型如图9-8所示。

由于本案例的主要研究内容是关于纱线的宽度、纱线截面形状与织物性能的关系，所以需要建立三种不同的宽度的纱线分别为0.001134m、0.000805m、0.000567m。

（2）矩形纱线模型。

对于变化纱线的截面形状，根据在模拟前使用超景深观察的织物截面，选择了矩形截面作为另外一种对比的纱线模型。矩形截面的也同样绘制三种不同宽度与凸透镜形截面的一一对应。关于具体的改变形状参数，由于要保持截面积的一致，矩形的厚度是要根据凸透镜形截面面积和宽度来最终确定，经过计算绘制出以下矩形截面纱线模型如图9-9～图9-12所示。

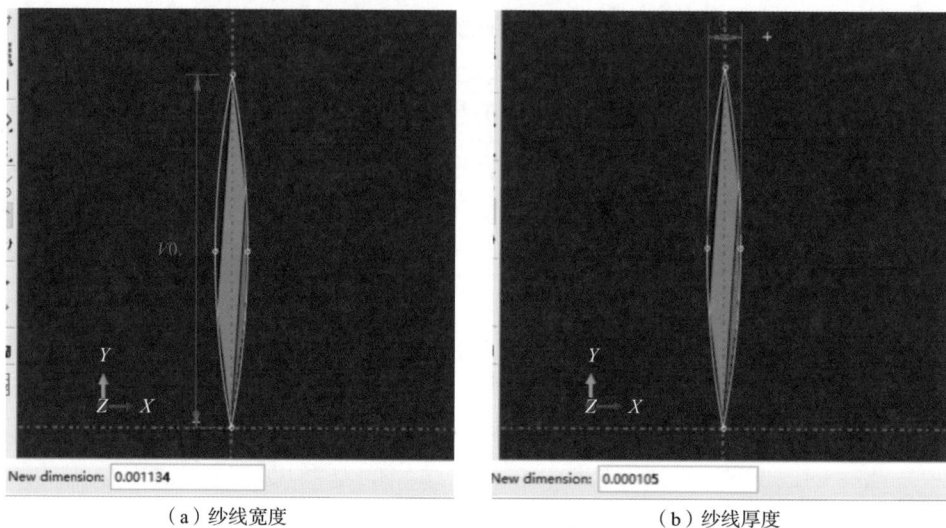

（a）纱线宽度 　　　　　　　　　　　（b）纱线厚度

图9-5　完整纱线模型截面

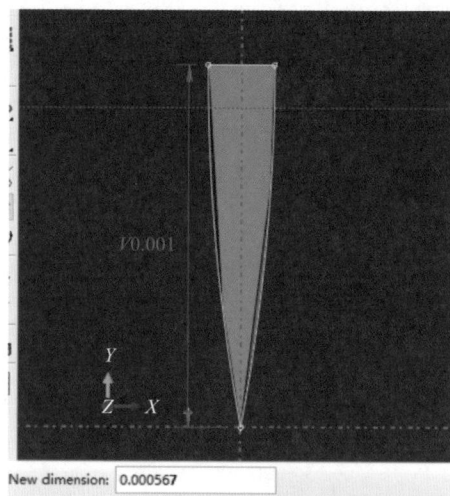

图9-6　1/2纱线模型截面 　　　　　　图9-7　边缘纱线模型截面

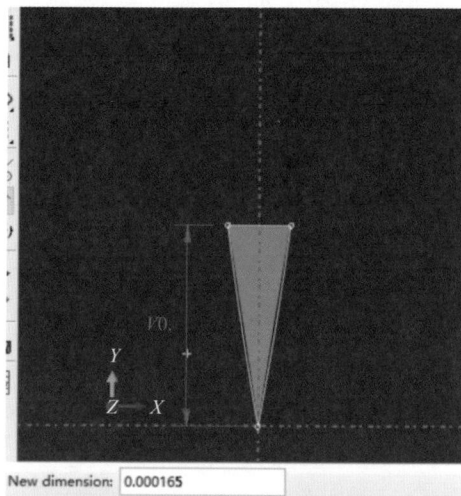

图 9-8　凸透镜形纱线模型

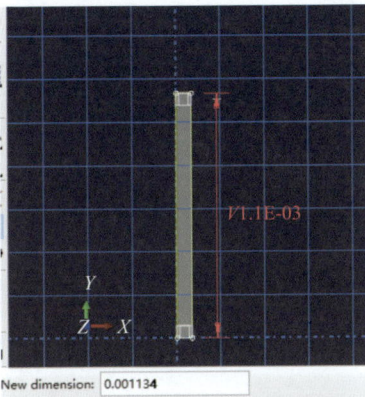

（a）纱线宽度

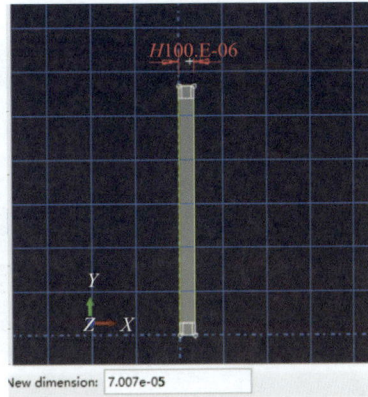

（b）纱线厚度

图 9-9　宽度一的矩形纱线

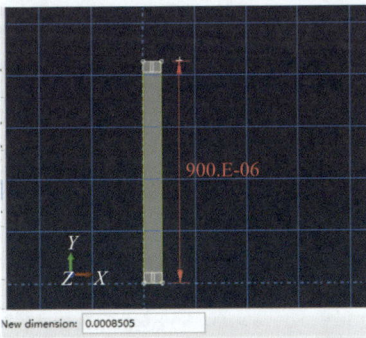

（a）纱线宽度

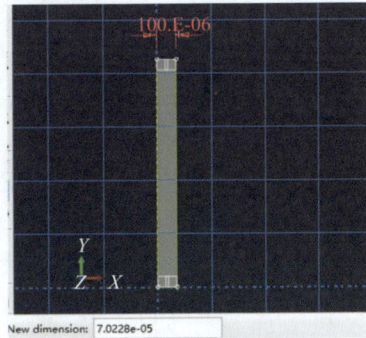

（b）纱线厚度

图 9-10　宽度二的矩形纱线

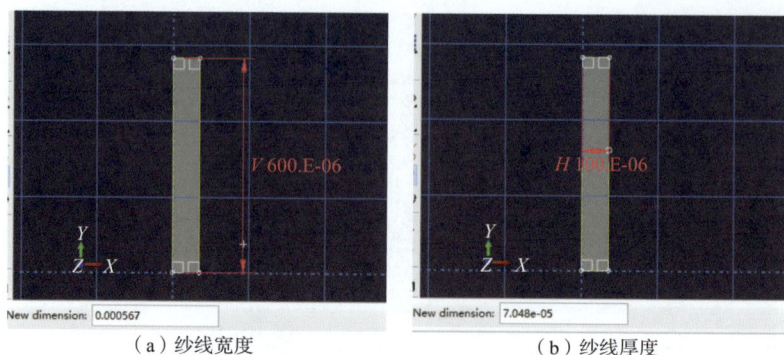

（a）纱线宽度　　　　　　　　　　　　（b）纱线厚度

图 9-11　宽度三的矩形纱线

图 9-12　矩形纱线模型

（3）子弹模型。

除了纱线的模型，弹道冲击还需要建立一个子弹的模型，本案例中选用平头弹作为模拟冲击实验的子弹，立体的形状也就是一个圆柱体，同样是1/4的子弹模型，采用实体拉伸类型，绘制1/4的圆形，具体参数和截面草图如图9-13所示，拉伸深度为0.0055m。子弹模型如图

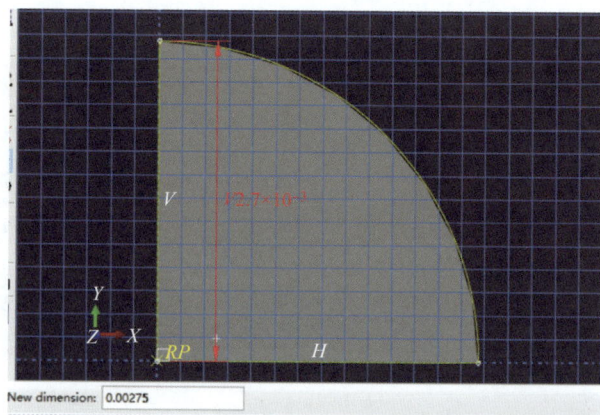

图 9-13　平头弹的截面草图

9-14所示。

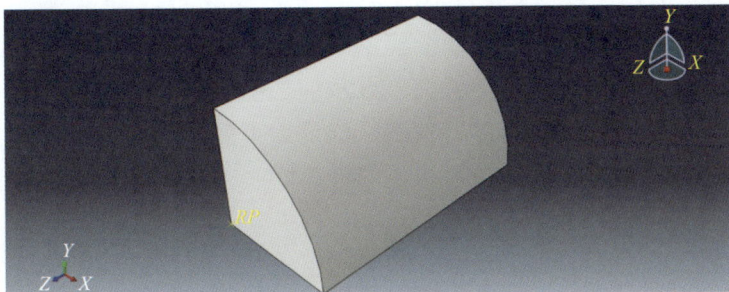

图 9-14　子弹模型

9.2.3　装配模型

在此纱线的基础上，用拉伸的方法创建复合材料部件，尺寸为织物的长宽及厚度，将织物包覆。完成后在部件中使用创建切削：拉伸工具，空出UD织物的空间。选择要切削的面（作为切削的草图平面）→选择一个轴确定草图方向→绘制切削草图→完成→选择切削拉伸类型→通过所有→确定，切削结果如图9-15所示。

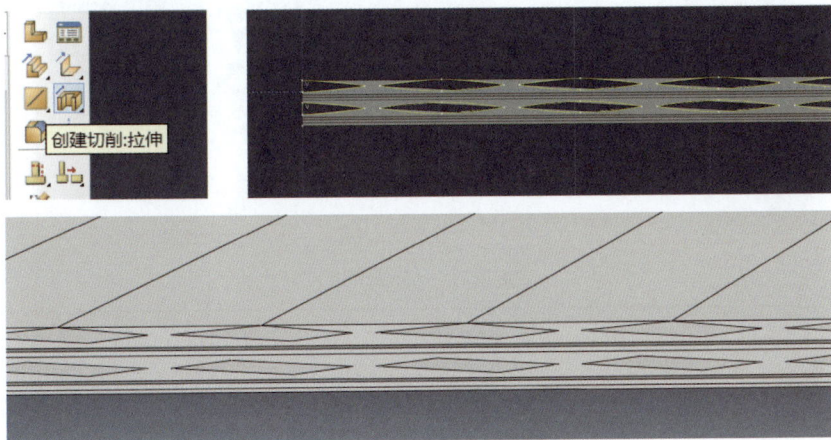

图 9-15　切削结果

在所有基础部件建立完成以后，进入装配模块进行组装。首先创建实例将所需要的部件导入，可以以坐标轴的原点为所有部件的参考点，通过旋转和平移工具排列基础的1/2纱线和完整的经纬纱，使上下两层经纬纱呈90°交错排列，然后计算出在这个7.5cm的织物模型上所需要的纱线根数，使用阵列工具将纱线铺满，最后导入边缘纱线模型并装配，使其成为一块完整的织物模型。弹道的冲击模型则需要在织物上方添加之前绘制好的平头弹。子弹在装配时，它的底部要紧贴着织物的表面，这是为了能让计算机直接模拟子弹接触织物之后的变形情况，减少不必要的计算时间，从而能够加快进程，织物整体弹道模型如图9-16所示。

要建立三个关于纱线宽度模型的对比组文件，每个模型中都有两个不同截面的织物模型，共六个织物模型。模型一是纱线宽度为1.134mm的凸透镜形截面织物模型，模型二是纱线宽度为1.134mm的矩形截面织物模型，模型三是纱线宽度为0.850mm的凸透镜形截面织物模型，模型四是纱线宽度为0.850mm的矩形截面织物模型，模型五是纱线宽度为0.567mm的凸透镜形截面织物模型，模型六是纱线宽度为0.567mm的矩形截面织物模型，模型划分见表9-1，织物模型如图9-17～图9-22所示。

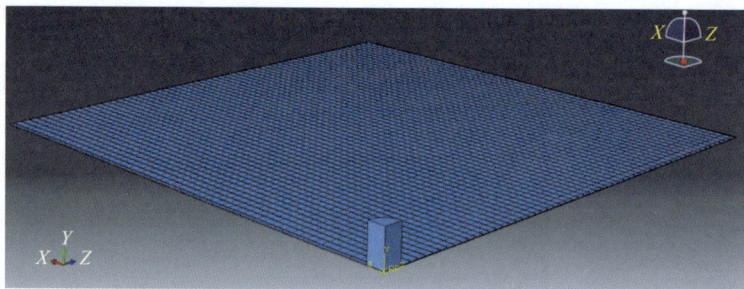

图9-16　1/4 UD 织物整体弹道模型

表9-1　模型划分

模型	纱线宽度 /mm		截面形状
模型一	宽度一	1.134	凸透镜形
模型二			矩形
模型三	宽度二	0.850	凸透镜形
模型四			矩形
模型五	宽度三	0.567	凸透镜形
模型六			矩形

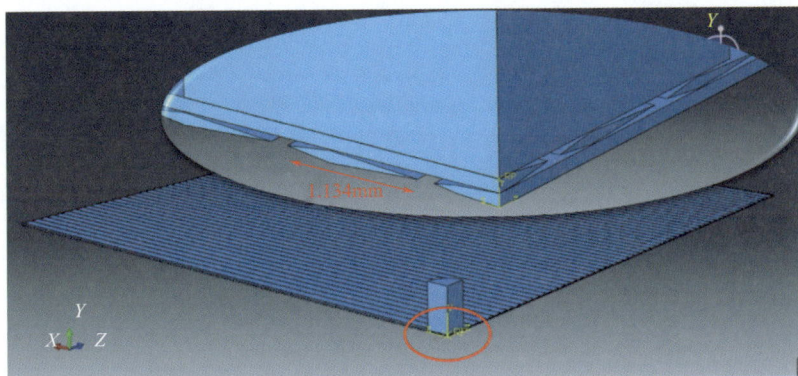

图 9-17　模型一

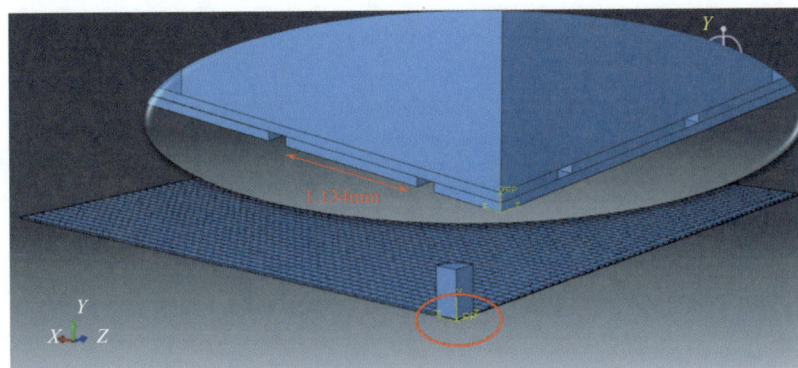

图 9-18　模型二

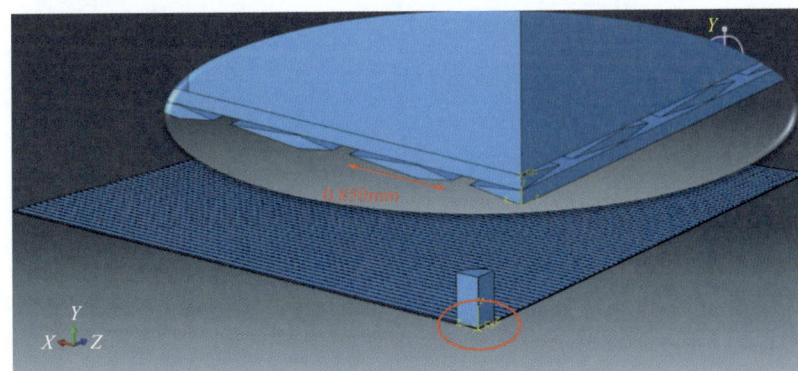

图 9-19　模型三

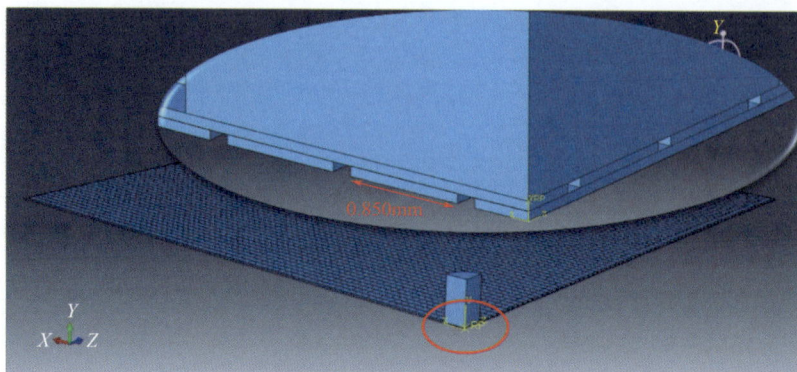

图 9-20　模型四

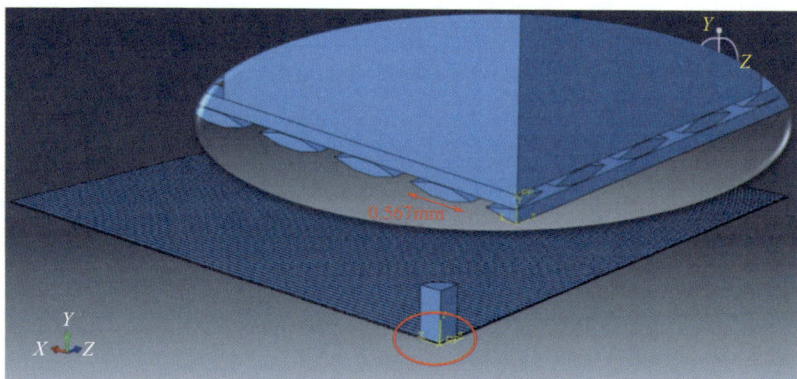

图 9-21　模型五

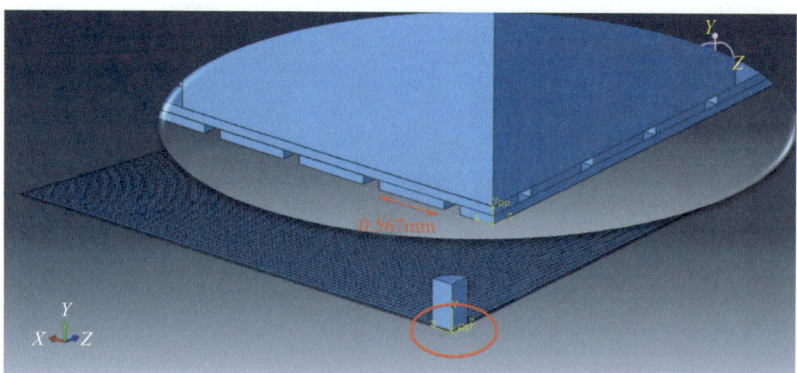

图 9-22　模型六

9.2.4　设置分析条件

（1）前处理模块。

在整个模型中一共由两种不同的材料构成，所以要在特性模块（Property）中创建两个不同的材料，第一种是超高性能聚乙烯纱线材料，定义它的韧性损伤断裂能为25kJ、密度为830kg/m³、弹性中的杨氏模量为210GPa、泊松比为0.36、塑性中屈服应力为3.53GPa，还有其他的特性进行详细地定义；第二种就是子弹的特性，定义钢铁的密度为7687kg/m³，弹性中的杨氏模量为210GPa、泊松比为0.36。然后创建截面属性两者都为均匀实体，完成后需要对每个部件都赋予截面属性，赋予成功后就可以看到部件模型表面的颜色由浅灰色变成了浅绿色。

分析步模块（Step）中，是对分析步和输出定义。首先创建分析步，由于显示动力学的方法类型在建立接触条件的模型中会更为容易，它适合分析物体之间对于相互接触的复杂问题，并且纱线材料的失效机制能够更好地模拟，所以这里选择显示动力学类型，再设置分析步的时间，这密切关系到模型运行计算的时间，如果时间过短，虽然可能会导致模型停止了运行，但实际上织物的变形还能够继续，并没有到它结束的时间点就停止了计算，所以这个时间设置需要在模拟运行中一步一步不断进行尝试优化。其次还有两个输出：场变量输出和历史变量输出。相应设置每隔单位时间5E-007s输出数据库。

由于建立的模型是1/4模型，是对称模型，所以在载荷模块（Load）中边界条件采用对称/反对称/端部固定，将与坐标轴X、Z垂直的对称面施加对称边界条件，分别选择XSYMM和ZSYMM；而对于1/4织物模型分界处的两个面选择位移/旋转边界条件，设置约束三个方向的位移和旋转边界条件。子弹的中心参考点RP比较特殊，它的边界条件中U2方向上不进行约束，其他的条件与上述情况相同，施加边界条件后的视图如图9-23所示，此外子弹还需要在预定义场中设置它的冲击速度，施加在RP上的U2方向，由于子弹是向Y轴的负方向冲击，所以设定的速度为-475m/s，赋予子弹速度如图9-24所示。

（2）定义相互作用。

织物中纱线与纱线之间存在着相互作用，为了更加准确模拟实际织物要对这个特性进行定义。利用相互作用模块（Interaction），在相互作用的定义之前，需要对相互作用的属性进行相应的定义，这里主要是用到接触属性，

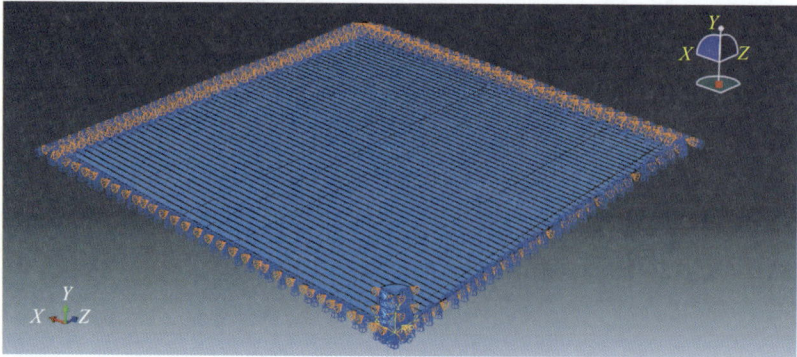

图 9-23　施加边界条件

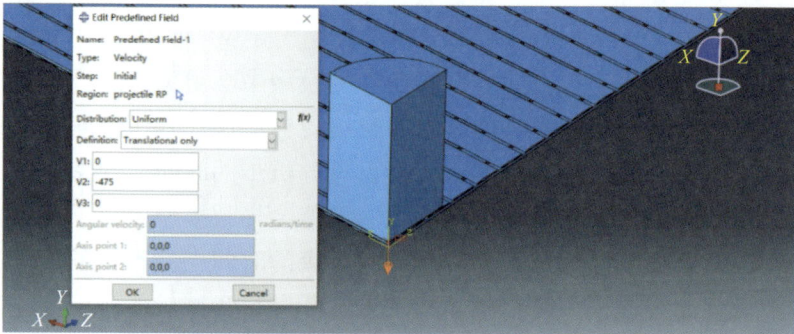

图 9-24　赋予子弹速度

选择切向属性，定义它的动、静摩擦系数，衰减系数。在之前创建的显示动力学分析步基础上，利用通用显式算法完成相互作用的定义。

子弹属于强硬的刚体，与较为柔性的织物相互接触时，在理想的状况下，一般来说将子弹视作非变形的物体，所以接下来要对它进行约束。使用创建约束工具，选择刚体类型，该类型是用于创建刚性区域，这个区域之中的节点、单元相对位置，在这一整个的分析过程中相对位置保持着不变，而它的实际位置则是可以跟随着指定的一个参考点进行位移，所以选择1/4圆柱底面扇形的顶点作为参考点，以*RP*表示。

（3）划分网格。

网格模块（Mesh）中主要就是用来划分模型部件的网格，而不同的网格单元大小就决定着在模拟分析过程中的精确程度，当被划分的网格尺寸越小，网格数量越多，则分析计算的结果精确度会越高，然而在精确度提高的同时，使计算机的计算工作量也大幅度地增加，所以在保证精确度较高的前提下，要适当合理确定网格尺寸，不能一味地为追求细致而使网格过小，计算效率低下。

在分配元素类型中选择显式元素库，设置网格种子为0.00013，所有的部件模型全部统一采用上述参数，进行网格的布种和划分，划分后的部件如图9-25～图9-31所示。

（4）分析和后处理。

最后进入分析作业模块（Job），进行作业的创建：输入分析作业的名称，对于名称的命名，为了后续便于简单明了的区分各模型，采用"截面形状+宽度种类"的命名方式，例如"凸透镜形-1、矩形-1"来区分，然后正确

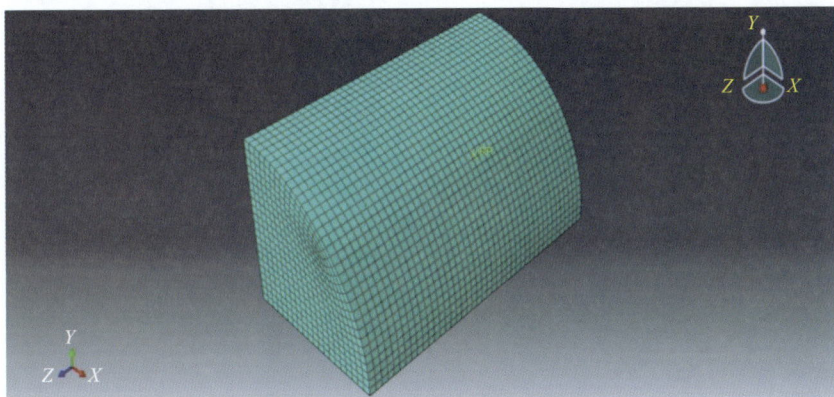

图 9-25　子弹网格划分

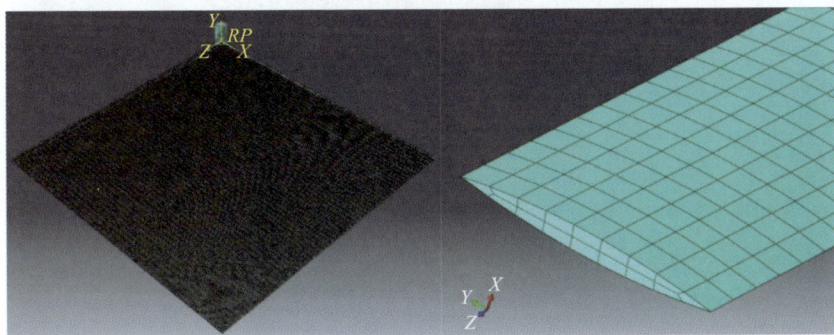

图 9-26　宽度一的凸透镜形纱线模型

图 9-27　宽度一的矩形纱线模型

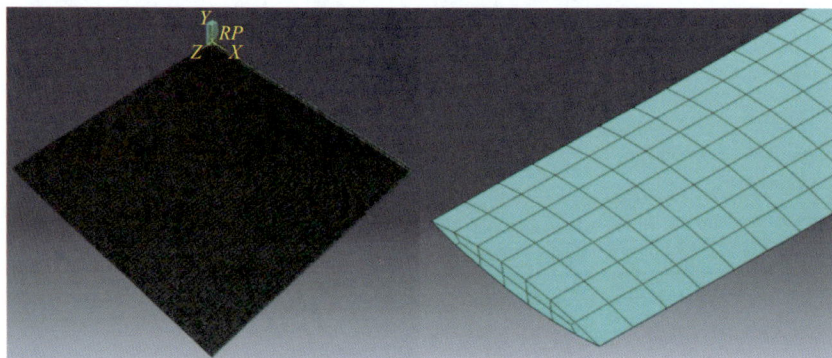

图 9-28　宽度二的凸透镜形纱线模型

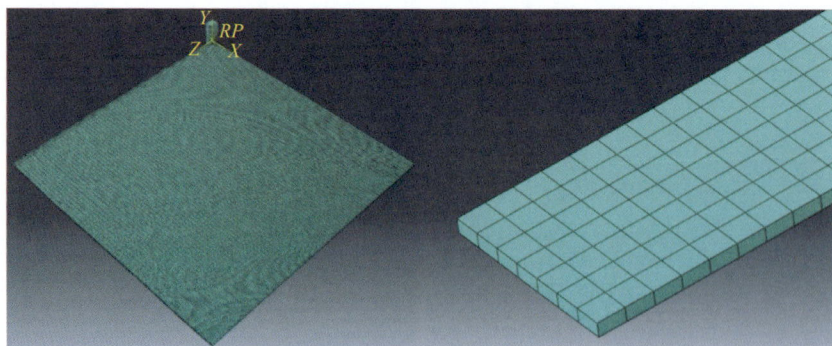

图 9-29　宽度二的矩形纱线模型

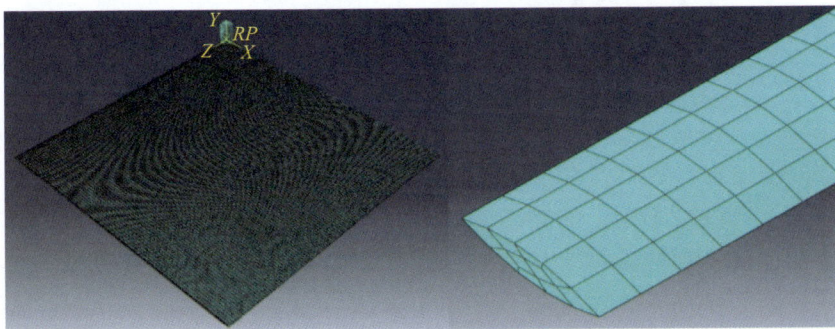

图 9-30　宽度三的凸透镜形纱线模型

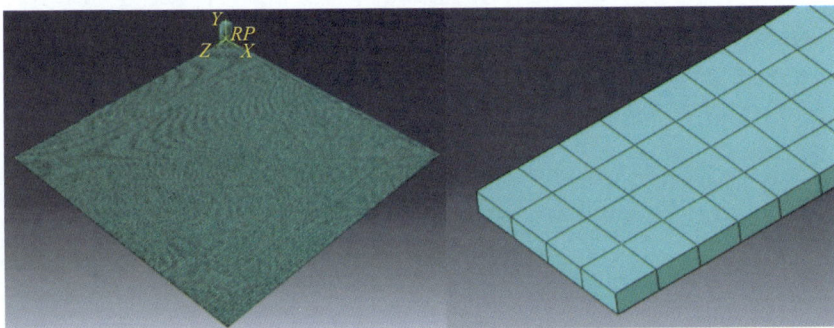

图 9-31　宽度三的矩形纱线模型

选择要提交的模型，编辑分析作业，输入对作业的简单描述，最后直接点击提交。在提交之后可以通过监控器查看分析过程的进度、显示分析各阶段的时间，还包括错误和警告信息等。

当运行完成之后会显示completed，可以点击results进入可视化模块，视图区中会出现这个模型的无变形图，可以在工具栏内选择显示变形图观察变形之后的织物状态，然后导出结果中的各种输出，使用excel将数据重新绘制成图表，便于后续的观察分析，需要注意的是，由于是绘制的1/4模型，所以在输出的能量中也是只有完整织物能量的1/4，在导出的各种能量数值中都需要在它的基础上乘以4来表示完整模型的能量变化，而只有子弹的速度和位移中并不用重新计算，直接导出分析观察即可。

9.3 结果分析

　　织物发生弹道变形的主要原因就是受到了子弹的高速强烈冲击，在刚开始建立模型设置参数时，由于子弹是朝着Y轴负方向冲击，所以就在预定义场中设置了子弹在$V2$方向上的冲击速度为-475m/s。为了便于观察各模型的子弹速度变化，将子弹速度视为正值绘制其变化曲线图，各模型的子弹速度变化曲线图如图9-32所示。可以得知，对于总体的速度曲线来说，在刚开始有一小段的速度是呈线性减小，然后呈S形曲线。在纱线宽度最大的模型中，大约前10μs内两种截面模型中的子弹速度变化大致相同，而继续运行后矩形纱线模型要比凸透镜形纱线模型的子弹速度下降得更快；当纱线宽度减小，凸透镜形和矩形纱线的速度变化曲线在逐渐相互接近，且在宽度三中凸透镜形纱线模型子弹速度的下降速率在逐渐超过矩形纱线。

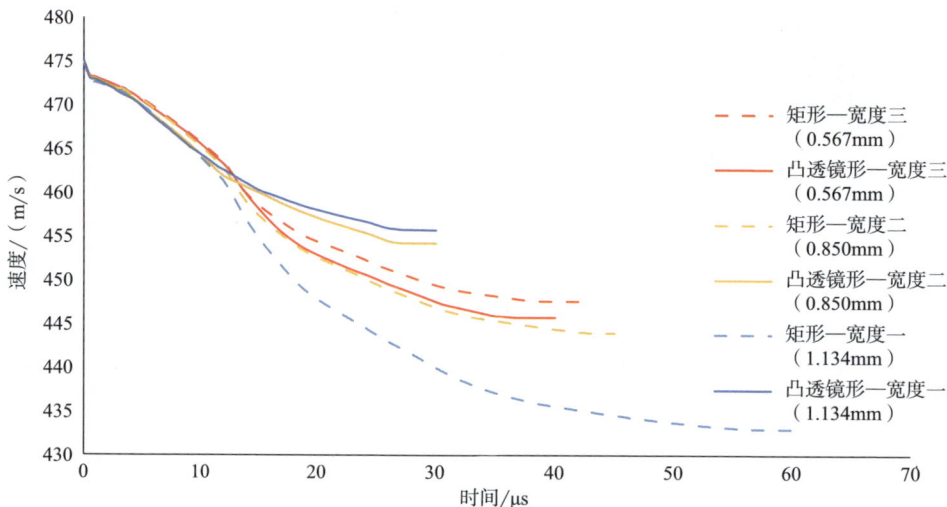

图9-32　各模型的子弹速度变化曲线图

　　根据子弹的位移大小，也可以推断出织物向下弯曲的程度，子弹的位移如图9-33所示，代表的是运行时间结束时刻子弹的位移大小，每个模型运行结束时间几乎都不相同。在本案例的研究范围内，在相同纱线宽度条件下，矩形纱线模型中的子弹位移大小总是大于凸透镜形纱线模型，但是随着宽度的减小，它们子弹位移的差距都是在减少，在宽度最小时，二者的位移差距

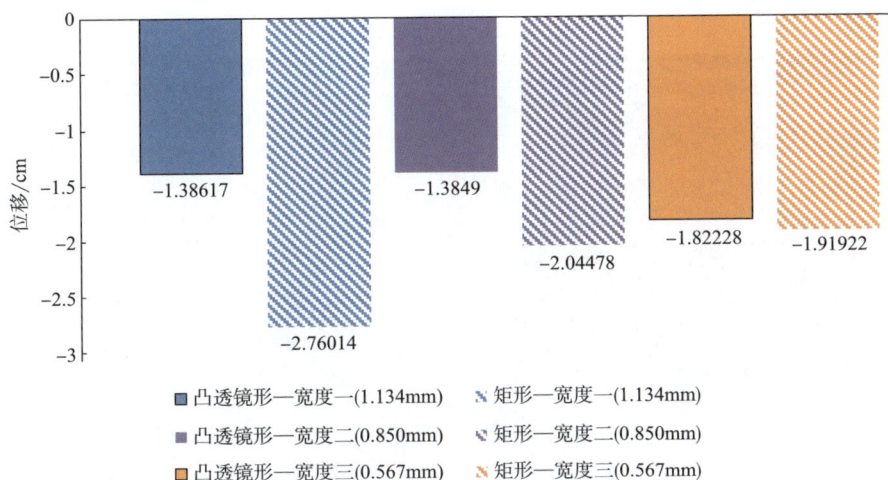

图 9-33　子弹的位移

已经很小。从结果上来看这是因为矩形纱线中子弹的位移大小随着宽度的减小而减小，在三个宽度的模型中位移从 2.76cm 减小到 1.92cm；而凸透镜形纱线模型则恰好相反，位移从 1.39cm 增加到 1.82cm。

织物模型的位移如图 9-34 ~ 图 9-39 所示，纱线变形基本情况是两层纱线随着子弹向下弯曲移动。总体来说，凸透镜形纱线模型都发生了或多或少的断裂；矩形织物在运行时间内都没有发生纱线断裂情况，只有主要纱线发生了拉长变细，并且在和凸透镜形相同的时间下，矩形纱线模型通常位移都比较小。

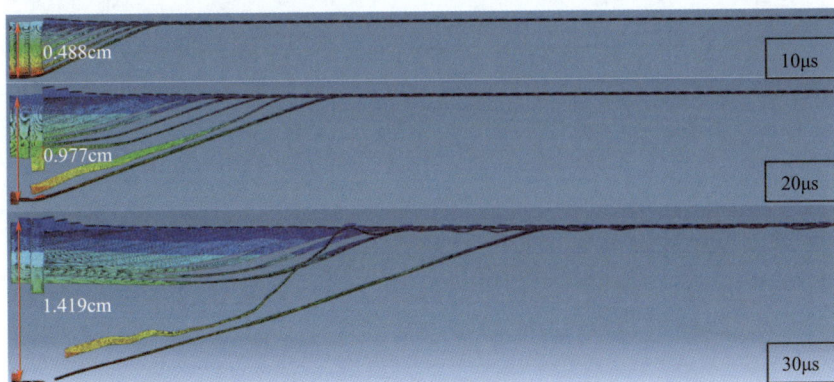

图 9-34　宽度一的凸透镜形织物位移

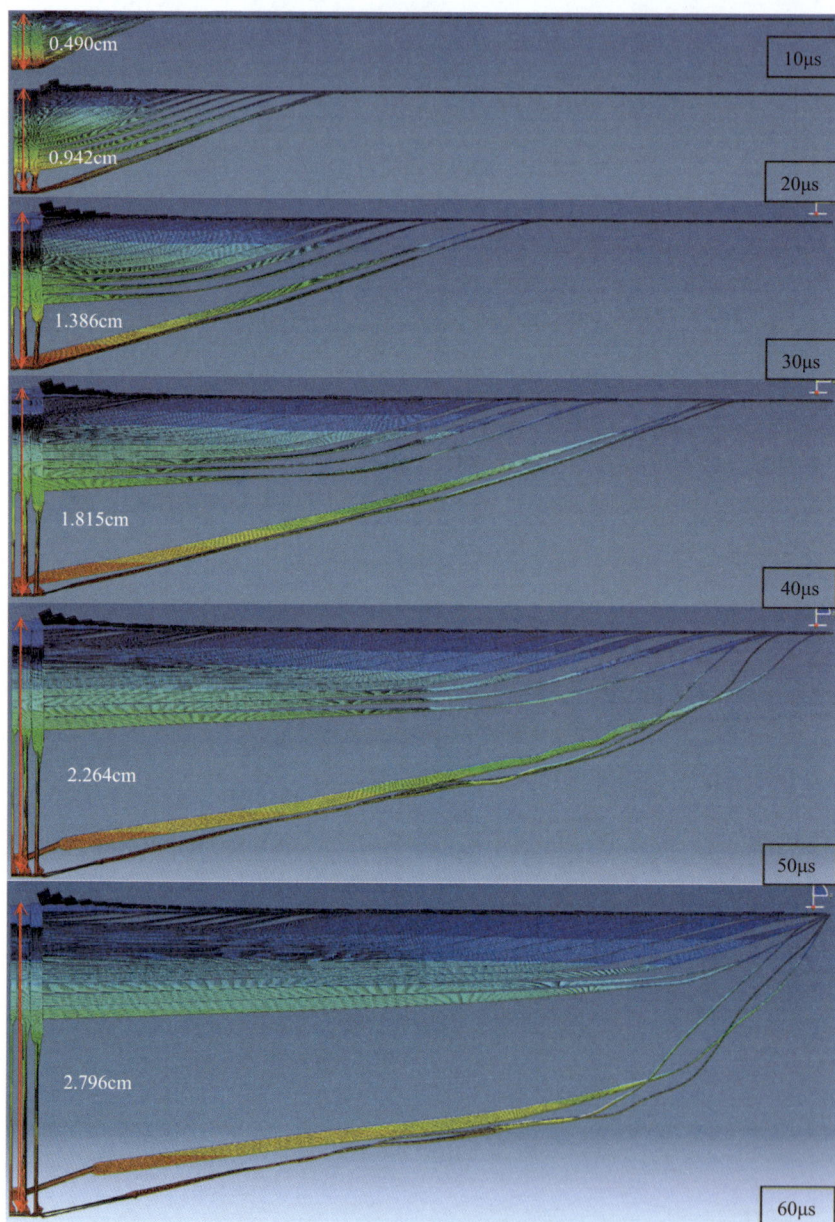

图 9-35　宽度一的矩形织物位移

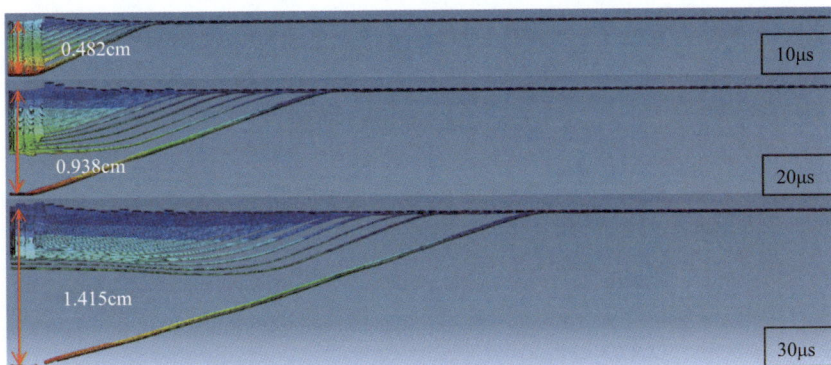

图 9-36　宽度二的凸透镜形织物位移

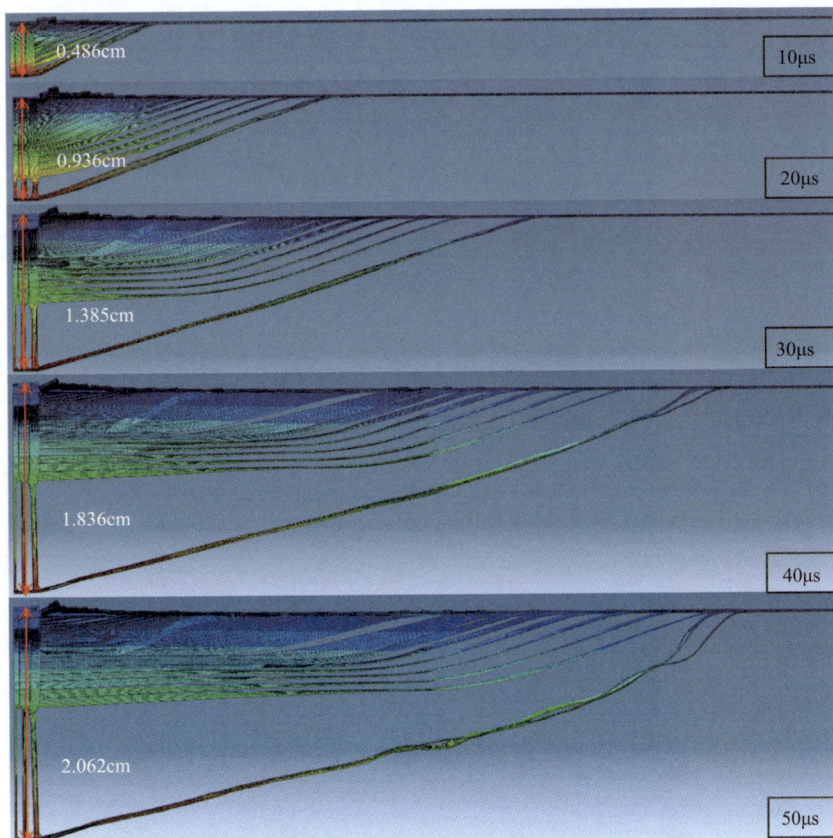

图 9-37　宽度二的矩形织物位移

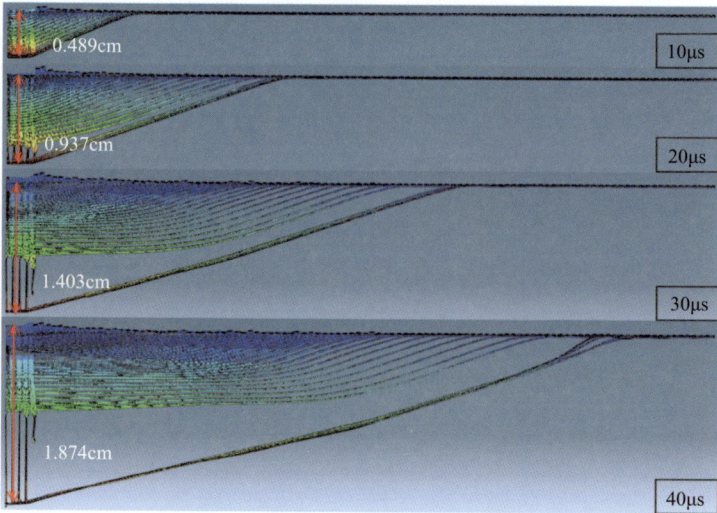

图 9-38　宽度三的凸透镜形织物位移

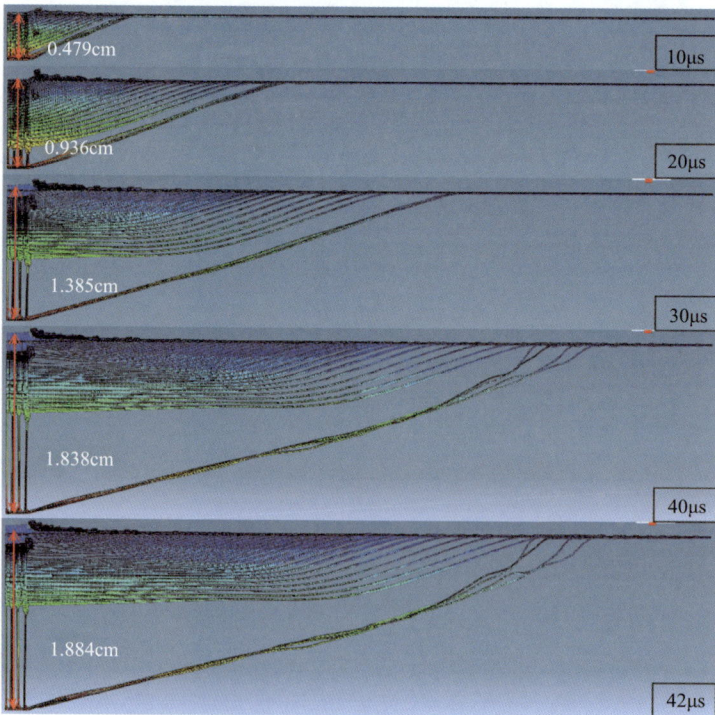

图 9-39　宽度三的矩形织物位移

在宽度一中，凸透镜形织物模型在10μs时只是向下弯曲移动，在20μs时上层迎弹面的主要纱线已经全部断裂，在30μs时下层的主要纱线也完全断裂；而矩形纱线完全没有发生断裂，只是纱线在变细；宽度二与宽度一中的差别在于两种截面模型在相同时间点上，它们的位移差距相比来说在变小，在10μs、20μs时位移情况几乎相同，只有在30μs时矩形纱线位移较小。在宽度三时，凸透镜形纱线模型在20μs时上层纱线拉长变细，30μs时有一根主要纱线断裂，直到运行结束，没有其他的纱线断裂；矩形纱线模型总体上的位移程度一直比凸透镜形纱线模型要小。

对同种纱线模型来说，凸透镜形纱线模型随着纱线宽度减小，织物的整体位移也在减小，即纱线弯曲变形在减小，纱线的断裂程度有着明显的改善；矩形纱线模型总体上是随着纱线宽度的减小，位移在增大，即纱线弯曲变形程度越大。

矩形纱线模型断裂变形情况整体上要比凸透镜形纱线模型好，因为矩形纱线整体每层是相对平整的，而凸透镜形纱线织物微观上说表面是不平整的，所以矩形纱线织物在受到子弹冲击时接触的表面积要大，受到的力较均匀。因为凸透镜形纱线大多出现在机织物里，矩形纱线多数存在无纬布中，因此目前防弹衣大多数使用无纬布。主要结论如下。

（1）对于同一种纱线截面形状来说，矩形截面纱线会随着宽度的减小，承受弹道冲击的时间和吸收的总能量、动能、应变能都会降低；而菱形截面则恰好相反，会随着宽度的减小而吸收更多的能量，承受更久的弹道冲击，因此它的防弹性能会随之提升。

（2）纱线宽度相同的情况下，三种纱线宽度状态中，只有在宽度为1.134mm和0.850mm时矩形的总能量、动能、应变能大于凸透镜形，而在宽度最小的0.567mm纱线模型中，都是凸透镜形纱线能量较大；而对于摩擦耗散能，其无论宽度的大小，都是凸透镜形纱线能量较大。可以得知纱线宽度在0.850mm和0.567mm之间存在着一个宽度的临界值，使其凸透镜形纱线吸收的能量开始能够超过了矩形截面纱线。

（3）六个模型在总体上动能、应变能最大，总能量下降最快的是1.134mm宽度最大的矩形纱线模型，即它的防弹性能最好，因为矩形纱线一般出现在UD布中较多，所以目前在实际生产中一般采用UD防弹布。

第10章

UD 叠层织物弹道冲击有限元分析案例

UD织物在防弹衣应用时，通常几十层织物叠层放置，共同作用防护子弹的冲击，因而对UD叠层织物防弹性能的分析十分重要。本案例旨在利用ABAQUS有限元模拟分析软件，建立UHMWPE叠层UD织物的数值模型，通过模拟不同摩擦系数的冲击行为，深入探究织物的能量吸收、变形和损毁机理。特别地，本案例将关注摩擦系数对纱线间相互作用及整体织物性能的影响，以模拟树脂对纱线的控制作用，从而揭示UHMWPE叠层UD织物在弹道冲击下的响应行为和响应机制。

10.1 案例背景

在现代防护材料的研究中，UHMWPE因其出色的强度、韧性、耐冲击性能以及较低的密度而备受关注。目前国内外主流的无纬织物（简称UD织物），就是以UHMWPE为基材，经特种设备均匀铺丝，用高强弹性体树脂浸渍涂胶和薄膜黏合，经0、90°双正交复合层压制成的，如图10-1所示。

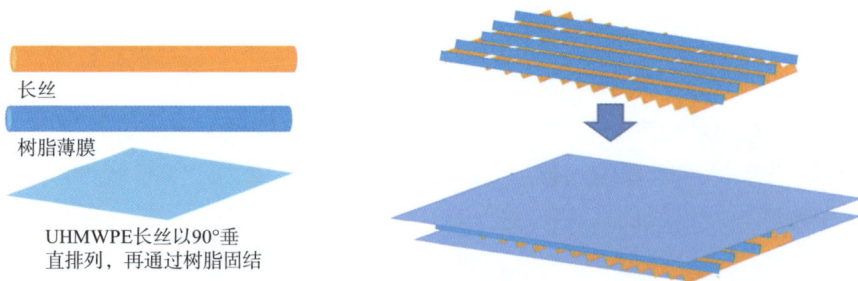

长丝

树脂薄膜

UHMWPE长丝以90°垂直排列，再通过树脂固结

图 10-1　UHMWPE-UD 织物制造示意图

10.2　模型建立步骤

10.2.1　建立部件和划分网格

（1）纱线部件。

使用ABAQUS软件创建织物模型首先要创建出纱线部件，再由部件进行装配来得到织物模型。纱线又分为经纱和纬纱，同时还要有两个1/2纱线作为边纱，所以创建4个纱线部件。

首先将部件模型空间设置为三维，部件为实体，类型选择拉伸，然后画出截面草图，图形类似为椭圆形，纱线中心厚度为0.000244m，纱线宽度为0.001745m，截面草图如图10-2所示。

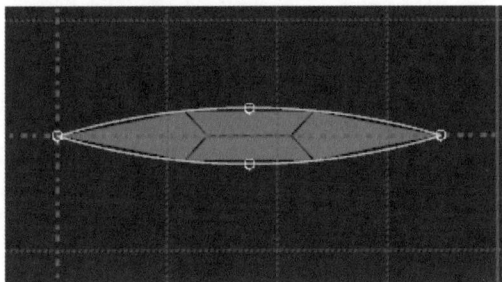

图 10-2　截面草图

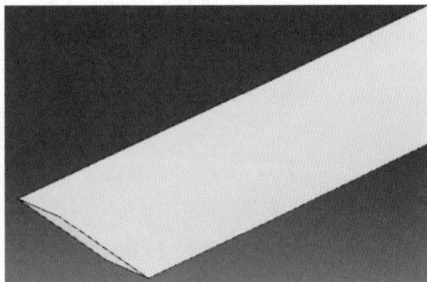

图 10-3　纱线部件

最后通过拉伸7.5cm成为纱线部件，如图10-3所示。以此步骤创建出纬纱的部件，两个1/2纱线宽度为经纬纱的1/2，截面草图为椭圆形的一半，其他与经纬纱相同。1/2纱线截面草图和1/2纱线部件如图10-4和图10-5所示。

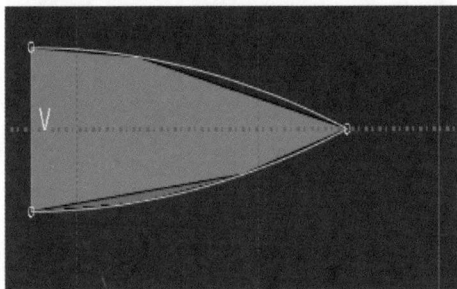

图 10-4　1/2纱线截面草图

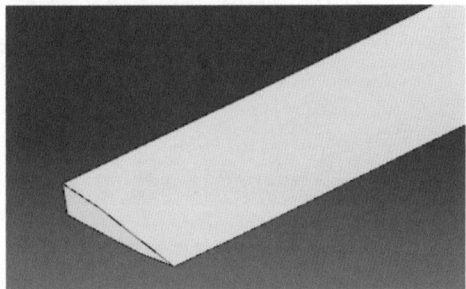

图 10-5　1/2纱线部件

创建完部件后要划分网格。在部件模块中找到网格模块，双击进入网格的设置。先进行布种，设置合适的全局尺寸对部件进行网格的划分，全局尺寸设置的数值越小网格密度越大，模拟越精准，但是数值越小模拟的速度就越慢，对硬件的要求也越高。所以考虑到这两方面原因，最终网格划分的全局尺寸设置为纱线0.00026m，1/2纱线0.00013m。纱线网格划分和1/2纱线网格划分如图10-6和图10-7所示。

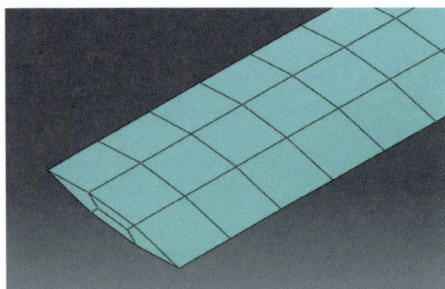

图 10-6　纱线网格划分

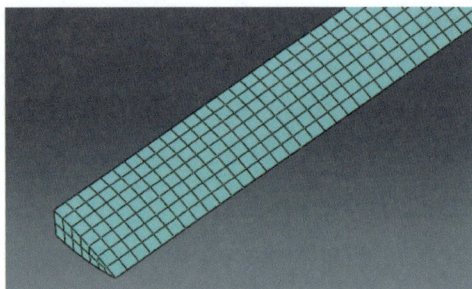

图 10-7　1/2纱线网格划分

（2）子弹部件。

同样首先将部件模型空间设为三维实体，截面草图将子弹画为直径为5.5mm的1/4圆，通过拉伸成为高5.5mm的柱体。网格划分的全局尺寸设置为0.0005。子弹截面草图和子弹部件如图10-8和图10-9所示，子弹网格划分如图10-10所示。

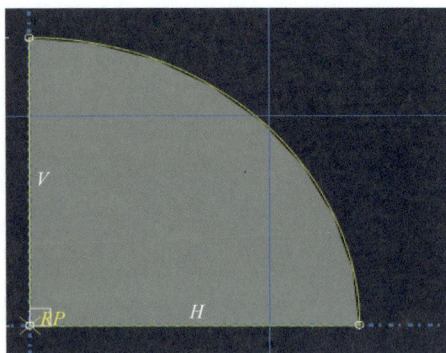

图 10-8　子弹截面草图

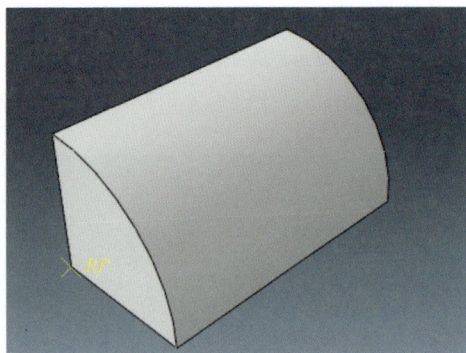

图 10-9　子弹部件

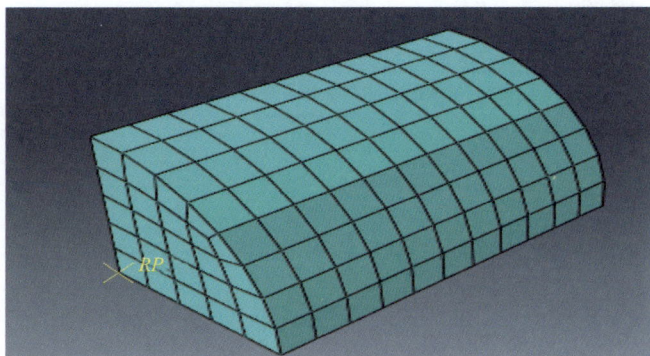

图 10-10　子弹网格划分

10.2.2　装配 UD 织物

由于之前创建的部件只能算作是单独的一根纱线，要想成为织物，还需要通过装配模块来完成这一过程。

首先在装配模块下的实例模块点击右键创建实例，选中之前创建好的两根1/2纱线，并且要选上从其他的实例自动偏移，否则两个实例会重叠难以分辨。然后通过旋转使两条纱线之间夹角为90°，再以一条纱线直角边的最低点为起点，另一条纱线直角边的最高点为终点，通过平移使两点重合，1/2纱线装配如图10-11所示。

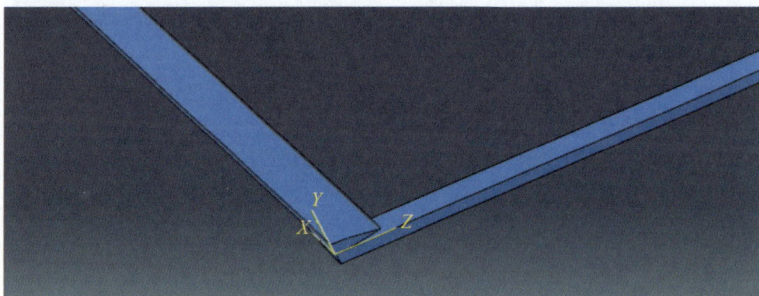

图 10-11　1/2 纱线装配

然后创建出经纱纬纱的实例，同样通过旋转、平移使纱线的角与1/2纱线的角重合，再通过平移使纱线之间具有一定的间隙，根据实验方案5 根/cm的织物纱线间隙为0.0002584m。纱线装配如图10-12所示。

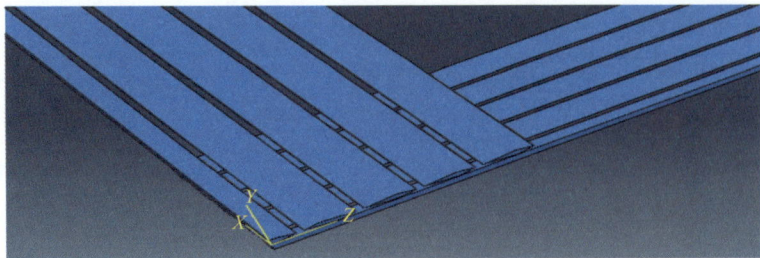

图 10-12　纱线装配

　　再通过阵列功能阵列经纱和纬纱来形成织物，阵列的距离为纱线间隙加纱线宽度，此为一层织物。再通过纵向阵列得到八层的织物模型。

　　最后创建子弹的实例，通过平移使子弹的直角点与1/2纱线的最高点重合，并将该直角点设置为参考点。至此完成最终模型的建立，子弹—织物模型如图10-13所示。子弹—织物模型的网格划分如图10-14所示。

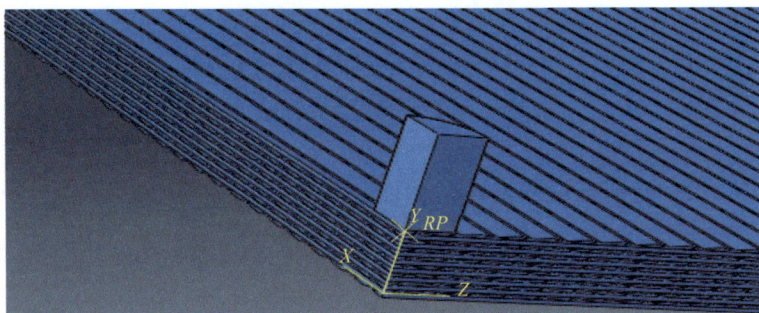

图 10-13　子弹—织物模型

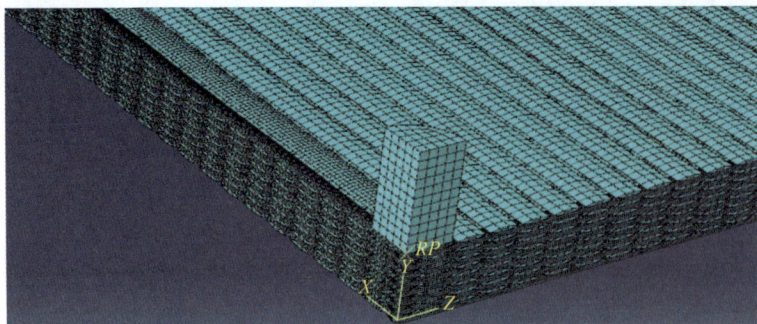

图 10-14　子弹—织物模型的网格划分

10.2.3　设置分析条件

（1）赋予材料属性。

设置纱线的密度为830kg/m³，断裂应变为0.043，三轴应力为1.5，应变比为0.01，损伤演化的断裂能为25000J/m²，弹性类型为各向同性，杨氏模量为130GPa，泊松比为0.36，屈服应力为3.53GPa，塑性应变为0。

本次模拟选中子弹的质量密度设置为7687kg/m³，弹性类型为各向同性，杨氏模量为210GPa，泊松比为0.3。

（2）创建分析步及输出。

创建分析步，程序类型设置为通用中的动力、显式。创建完分析步后就可以设置场输出和历程输出，这两个输出请求就是设置最终模拟数据，场变量输出用于描述某个量随空间位置的变化，历史变量用于描述某个量随时间的变化，用于生成X—Y图。将整个模型设置为场输出的作用域，频率设置为每x个时间单位，频率的大小决定了模拟出来文件的大小，所以要根据实际情况决定，并选上需要用到的输出变量。将历程输出的作用域设置为集，集就是集合，表示需要用到的一片区域，集需要在装配模块中设置，不同的历程输出选用相应的集，频率同样是每x个时间单位，数值根据实际情况调整，输出变量根据该不同历程输出需要的数据进行勾选。

（3）设置相互作用。

设置相互作用的目的是定义模型中不同部件之间存在的相互作用关系。创建相互作用属性，类型为接触，接触属性为力学里的切向行为，摩擦公式为静摩擦—动摩擦指数衰减。然后创建相互作用，分析步选用Step-1，即只作用于分析步Step-1，分析步类型为通用接触，接触领域选全部含自身，属性指派中接触属性的全局属性指派为IntProp-1。

（4）设置约束。

将子弹约束为刚体，使其可以承受冲击的剧烈运动。约束类型设置为刚体，区域类型为体，选中整个子弹模型，参考点选中直角点。

（5）设置边界条件。

设置边界条件是为了固定织物。

首先要固定织物的四周。创建边界条件，分析步为Step-1，类别为力学中的位移/转角，之后进入区域选取界面，选取织物四周的边缘面，选取完成后设置六个自由度都为0，即U1=U2=U3=UR1=UR2=UR3=0。

然后对称边界条件。分析步为Step-1，类别为力学中的对称/反对称/完全固定，①选取与X轴垂直的边的边缘面，设置U1=UR2=UR3=0。②同样再选取与Z轴垂直的边的边缘面，设置U3=UR1=UR2=0。③选取子弹与X轴垂直的面，设置U1=UR2=UR3=0。④选取子弹与Z轴垂直的面，设置U3=UR1=UR2=0。

最后设置子弹。分析步为Step-1，类别为力学中的位移/转角，区域选取子弹的参考点，除了U2，其他都设置为0，因为U2是Y轴方向上的位移，子弹只需在Y轴方向上运动即可。

（6）创建预定义场。

预定义场是为了赋予子弹初速度。创建预定义场，分析步为初态，类别为力学中的速度，区域选择子弹参考点，设置V2的数值，其余两个为0，V2即Y轴方向上的速度，并且需要设置为负值，因为子弹方向与Y轴正方向相反。

以上各种参数设置完成后就可以创建作业进行模拟运算了。数据检查时如果出现问题会有提示，根据这些提示找到问题的所在加以更正再提交便可以顺利运算了。

10.3 结果分析

织物应力变化云图如图10-15～图10-18所示，随着时间的推移，应力分布范围逐渐扩大，且摩擦系数越小，红色应力区域越多，意味着织物更容易受到损伤。此外，摩擦系数增加时，主纱线上的应力传递距离缩短，而次纱线上的应力逐渐增大并分布更广。子弹速度为475m/s时，织物的变形和应力传递过程相对缓慢。

在动能方面，在475m/s冲击速度下，不同摩擦系数子弹的速度随时间的变化如图10-19所示，第一、二层织物在摩擦系数从0到0.4及从0到0.35变化

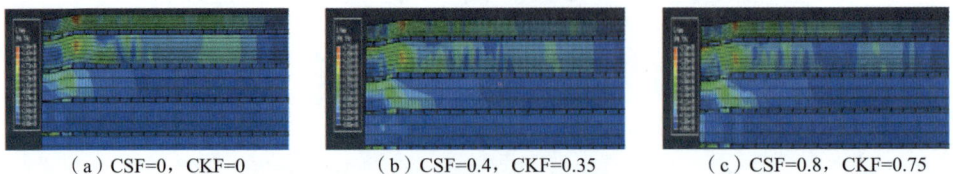

（a）CSF=0，CKF=0　　（b）CSF=0.4，CKF=0.35　　（c）CSF=0.8，CKF=0.75

图 10-15　冲击速度为 475m/s 在 5μs 时的应力图

时，动能变化最为显著。随着摩擦系数的进一步增大，动能变化逐渐减小，甚至可能出现反作用。而应变能的变化在三种摩擦条件下均较小。

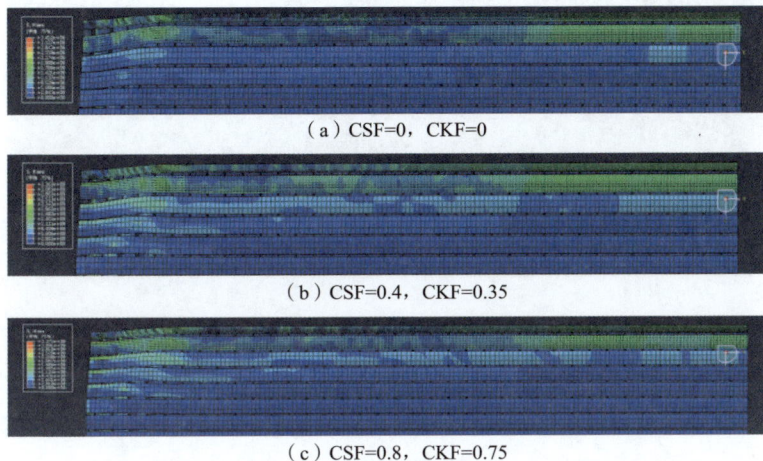

（a）CSF=0，CKF=0

（b）CSF=0.4，CKF=0.35

（c）CSF=0.8，CKF=0.75

图 10-16　冲击速度为 475m/s 在 10μs 时的应力图

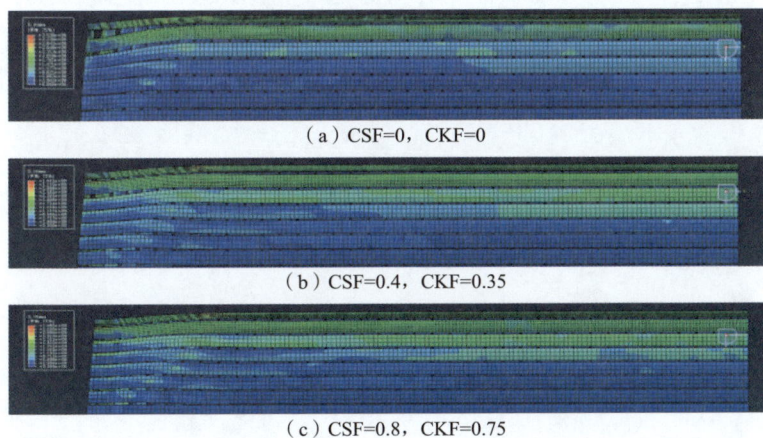

（a）CSF=0，CKF=0

（b）CSF=0.4，CKF=0.35

（c）CSF=0.8，CKF=0.75

图 10-17　冲击速度为 475m/s 在 15μs 时的应力图

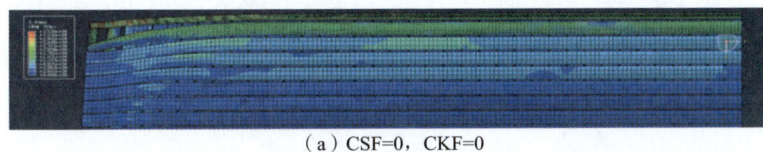

（a）CSF=0，CKF=0

图 10-18

（b）CSF=0.4，CKF=0.35

（c）CSF=0.8，CKF=0.75

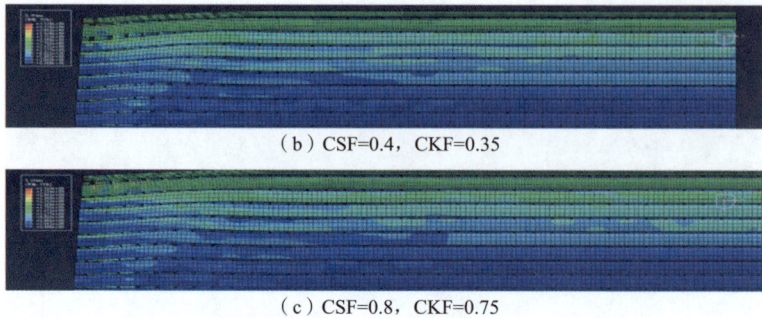

图 10-18　冲击速度为 475m/s 在 20μs 时的应力图

关于织物的背凸凹陷深度，随着摩擦系数的增加，其深度逐渐减小。在摩擦系数从0到0.4及从0到0.35变化时，背凸凹陷深度的变化尤为明显。然而，当子弹速度增加至800m/s时，摩擦系数对背凸凹陷深度的影响变得非常有限，且背凸凹陷深度也小于475m/s时的深度。这表明在高速冲击下，摩擦系数对织物背凸凹陷深度的影响减弱。

综上所述，摩擦系数在子弹冲击织物过程中扮演重要角色，尤其在低速冲击和一定摩擦系数范围内，其影响更为显著。随着子弹速度的增加和摩擦系数的变化，织物的应力分布、动能变化以及背凸凹陷深度均表现出不同的规律。

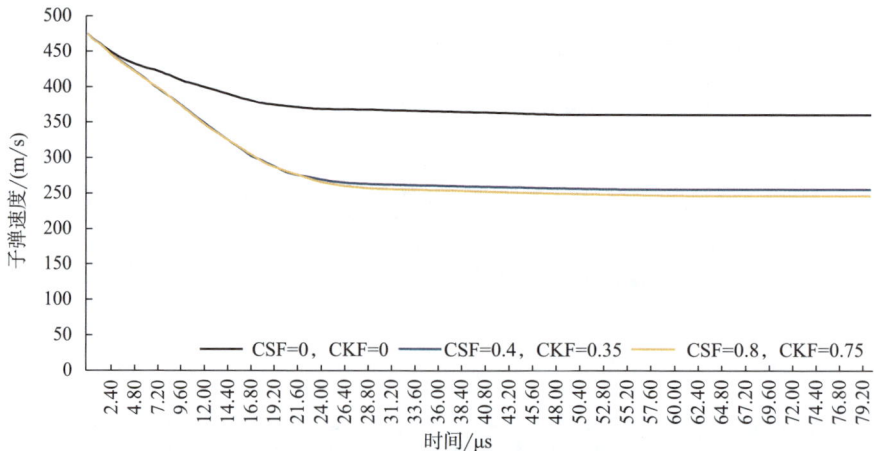

图 10-19　不同摩擦系数下子弹速度随时间的变化

第11章
纱线抽拔有限元分析案例

随着科技的进步和人们对安全防护需求的不断提高，防弹衣作为重要的个人防护装备，其性能与舒适性日益受到关注。在追求高效防护的同时，如何提升防弹衣的穿着舒适性，成为防护材料研发的重要方向。缎纹织物以其柔软的触感和良好的透气透湿性，为防弹衣提供了更加舒适的穿着体验，在防弹衣的舒适化发展中展现出巨大的潜力。然而，作为防弹衣的关键组成部分，缎纹织物的力学性能和纱线间的相互作用机制对于其整体性能具有重要影响。因此，深入研究缎纹织物的力学行为，特别是纱线抽拔过程中的力学响应，对于优化防弹衣的设计和制造具有重要意义。

11.1 案例背景

纱线抽拔力作为评估织物性能的重要参数，直接关系到防弹衣的耐用性和舒适性。在防弹衣的使用过程中，纱线的抽拔过程可能导致织物的变形和破损，进而影响其防护性能。因此，准确预测和评估纱线抽拔力对于指导防弹衣的设计和制造至关重要。然而，传统的实验方法虽然能够提供直接的数据支持，但往往耗时耗力，且难以涵盖所有可能的工艺条件和织物结构。此外，实验过程中的误差和不可控因素也可能导致结果的偏差。因此，借助有限元分析等数值模拟技术，可以更加高效、准确地模拟纱线抽拔过程，为防弹衣的舒适化设计提供有力的理论支持。本案例建立了8根/cm×8根/cm（记为S-8），13根/cm×13根/cm（记为S-13）的低、高织造密度的五枚三飞经面缎纹织物抽拔模型，并和实际的抽拔测试结果进行了对比。对于缎纹织物纱线间摩擦力有限元模型的建立，依据实际纱线间抽拔力测试装置的形状和尺寸进行简易化，实验装置示意图如图11-1所示。模型主要分为三个部分：织物试样、移动夹具和横向张力夹具。

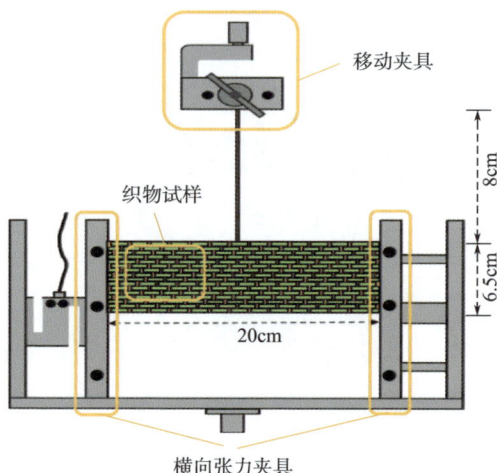

移动夹具

织物试样

8cm

6.5cm

20cm

横向张力夹具

图 11-1　缎纹织物纱线抽拔力实验装置示意图

对于实际的抽拔测试，其过程为：在量程为20N，型号为AI-7000S1型高铁实验机上，将缎纹织物各取经、纬两个方向试样，共4种。每个试样采用长20cm、宽14.5cm的织物进行摩擦力测试，上面保留一部分丝束，长8cm，样品形状和尺寸如图11-1所示。在测试期间，样品两侧夹紧，并保持100N的横向张力，夹头以100～500mm/min速度移动，每种样品测试10次，测试结果见表11-1。在S-8织物中，抽拔力峰值浮动大小为0.8%～0.9%；在S-13织物中，摩擦力峰值浮动大小为8%～9%。纱线的抽拔速度对抽拔力的大小有影响，但抽拔力峰值的差值低于10%。由此可知，纱线间抽拔力对纱线抽拔速度不敏感。通过改变移动夹具的移动速度并不能明显改变抽拔力大小，因此在进行模拟时，抽拔速度选定为500mm/min，以节省运算时间。

表 11-1　不同抽拔速度下摩擦力峰值

织物名称		摩擦力 /N					标准差 Sd	变异系数 CV
		100mm/min	200mm/min	300mm/min	400mm/min	500mm/min		
S-8	经向	0.30597	0.28439	0.27655	0.26674	0.28243	0.009571	3.38
	纬向	0.32852	0.31185	0.30008	0.30891	0.29910	0.008394	2.71
S-13	经向	2.29476	2.06430	1.94662	2.07656	1.97114	0.091986	4.44
	纬向	2.38890	2.17904	2.08489	2.11824	2.09862	0.088024	4.05

11.2 模型建立步骤

11.2.1 模型建立数据

经VHX-006型数字式三维测量显微系统的光学测量观察，清晰地观察出织物截面经纬纱交织情况，如图11-2所示。从中可以观察到实际纱线截面的形状虽各有不同，但大致形状呈凸透镜形。同时，在超景深显微镜中通过标尺测量两种织物密度的缎纹织物的微观结构尺寸，以此作为有限元模型建立的原始数据。

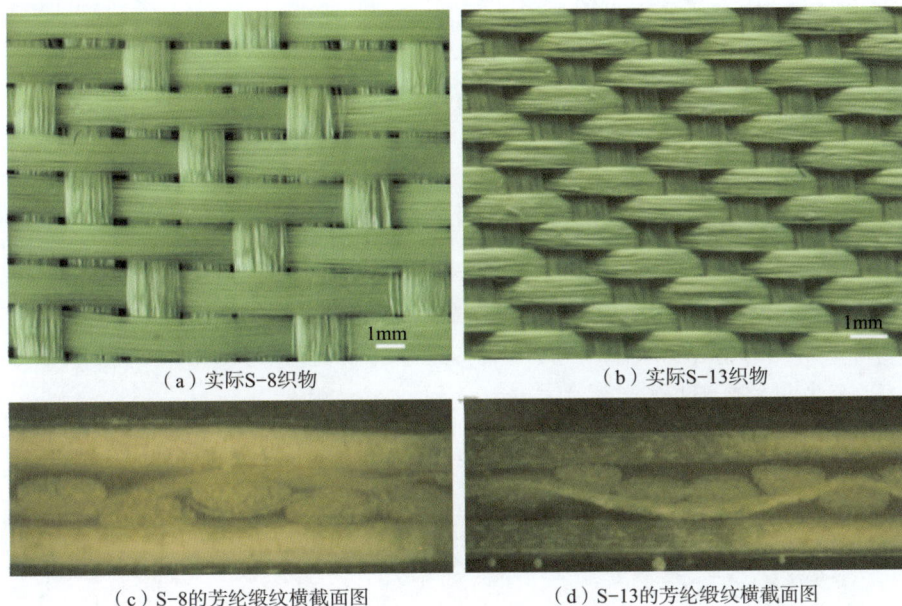

| （a）实际S-8织物 | （b）实际S-13织物 |
| （c）S-8的芳纶缎纹横截面图 | （d）S-13的芳纶缎纹横截面图 |

图 11-2　芳纶缎纹织物织造示意图

为了在ABAQUS中建立织物模型，需要织物的参数如图11-3所示，如组织循环长度l和凸透镜的厚度H。这些参数的计算方法如下。在织物重量一定的情况下，由式（11-1）和式（11-2）可求出纱线S的横截面面积。本案例使用的芳纶纱线密度γ为1.44g/cm^3，线密度为93.3tex，纱线横截面面积计算为0.0648mm^2。由于纱线截面呈凸透镜状，沿截面长度将截面分成两个轴对称部分，可形成弓形面积S_1。几何上，阴影部分S_4［式（11-3）］的面积计算为扇形面积S_2［式（11-4）］减去三角形面积S_3［式（11-5）］。利用已知的截面数据，结合几何等价关系［式（11-6）］和勾股定理［式（11-7）］，可以得到单根纱线的截面长度。这将得到纱线的横截面长度数据：l_1值。表11-2显示了织物几何的参数值。

$$N_D = \frac{9000G_k}{L} \qquad (11-1)$$

$$G_k = \gamma \times V = \gamma \times S \times L \qquad (11-2)$$

$$S_4 = S_2 - S_3 \qquad (11-3)$$

$$S_2 = \frac{\theta}{360°}\pi R^2 = \frac{\arccos\dfrac{R-h}{R}}{360°}\pi R^2 \qquad (11-4)$$

$$S_3 = \frac{1}{2} \times l_1 \times (R-h) \qquad (11-5)$$

$$S_4 = \frac{1}{4}S \qquad (11-6)$$

$$l_1 = \sqrt{R^2 - (R-h)^2} \qquad (11-7)$$

式中：S为芳纶纱横截面面积；S_2为扇形面积；S_3为三角形面积（红线包围），S_4为阴影部分面积。

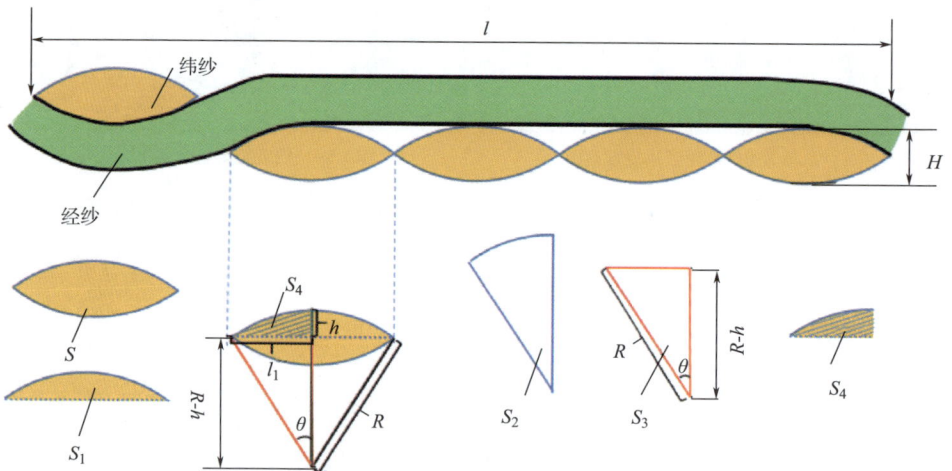

图 11-3　几何参数示意图

表 11-2　织物模型截面数据参数

织物样品	经纬密度 /（根 /cm）	组织循环长度 l/mm	纱线横截面厚度 H/mm	纱线横截面宽度 $2l_1$/mm
S-8	8×8	6.410	0.1248	0.7752
S-13	13×13	3.846	0.1905	0.4962

11.2.2　建立纱线和测试工具部件

（1）缎纹纱线部件。

实际的芳纶纱线是由若干根纤维长丝集束而成。而在仿真软件中，不光需要考虑纱线的旋转、拔出、伸直等状态，还需要考虑纱线相互作用关系、纱线体积变形的精度以及模型输出结果的效率。因此，本案例将经纱和纬纱建模为横向各向同性的弹性连续体，即将其假设为一定屈曲扫掠路径的实心固体。纱线也成为该模型最小的结构元素。S-8和S-13模型中纱线部件分别如图11-4所示。操作可参考2.2.1（3），建立缎纹织物纱线部件。

（a）S-8纱线模型　　　　　　　　　（b）S-13纱线模型

图 11-4　纱线部件模型

（2）测试工具部件。

①横向张力夹具。横向张力夹具是根据实际实验夹具尺寸，由6.5cm×1cm×0.00489cm的长方体制成，共四块，如图11-5（a）所示。为固定织物表面，张力夹具分别放置在织物上下表面的左右两边，使织物上下表面分别与夹具表面紧密贴合，捆绑约束，如图11-5（b）所示。

②移动夹具。移动夹具，在模拟中简化为如图11-6所示的（灰色）刚体小方块，刚体小方块的形状与尺寸与各纱线横截面相吻合。把刚体小方块视作一个不可形变的整体，并设置为以元素为形式的集合。牵引纱线与刚体小方块之间的接触为捆绑黏合。

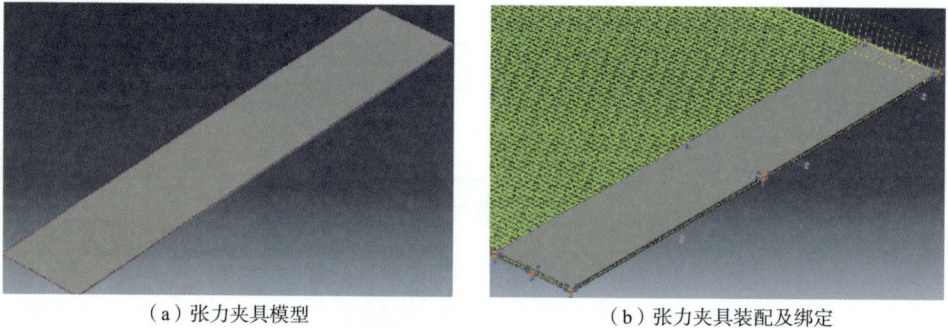

（a）张力夹具模型　　　　　　　　　　　（b）张力夹具装配及绑定

图 11-5　张力夹具模型

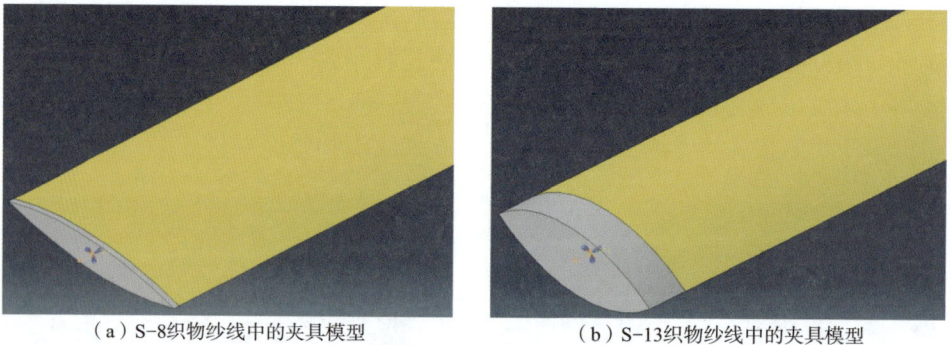

（a）S-8织物纱线中的夹具模型　　　　　　（b）S-13织物纱线中的夹具模型

图 11-6　移动夹具模型

11.2.3　装配织物和测试工具

将以上部件分别按照相应位置装入模型中，整体模型如图11-7所示。其中，横向张力夹具共四个，位于织物左右边界，上下与织物紧密贴合；移动夹具位于牵引纱线头端。

11.2.4　设置分析条件

（1）划分网格。

图11-8显示了用于长丝摩擦力模型中各部件有限元网格。网格敏感性研究表明，所选择的网格密度能够捕捉到冲击事件的纵波和横波响应。纱线、横向张力夹具板和移动上颌刚体块网格密度分别设置为0.00023m³，0.00023m³和0.00016m³。在ABAQUS模拟中，纱线建模为连续体，具有坚实的横截面和

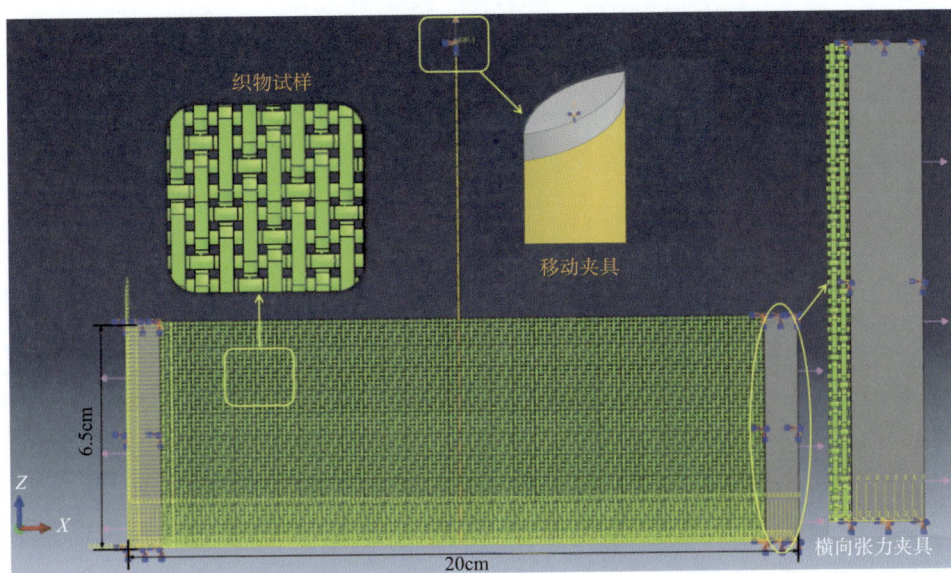

图 11-7　缎纹织物抽拔力模型（以 S-8 织物模型为例）

较高的弯曲刚度，导致纱线拔出力不可避免地被高估。而芳纶纱线是数百根松散柔软长丝的集合，无长丝间加捻与扭转，在拉出过程中能够相对滑动，使纱线通过弯曲变形并没有发生太大的应力变化。因此，纱线网格化处理参照文献❶中的方法，使用具有贯穿厚度的两个单元的六面体单元（C2D6R）来理想化纱线。这是考虑弯曲阻力或弯曲刚度，使用具有减少的积分（即只有一

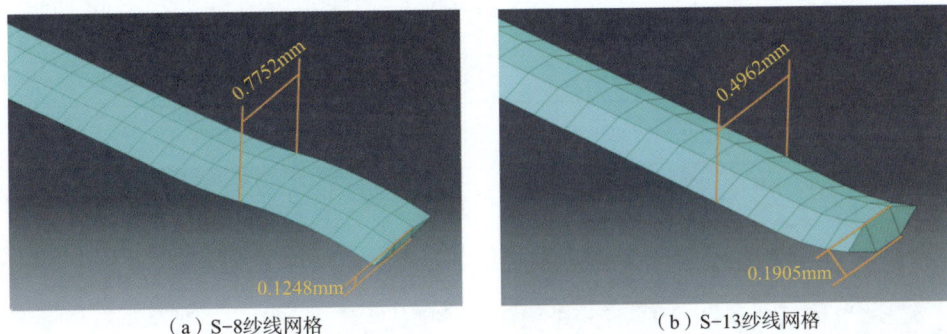

（a）S-8纱线网格　　　　　　　　　　　　（b）S-13纱线网格

图 11-8

---

❶ RAO M P, DUAN Y, KEEFE M, et al. Modeling the effects of yarn material properties and friction on the ballistic impact of a plain-weave fabric［J］. Composite Structures, 2009, 89（4）: 556-566.

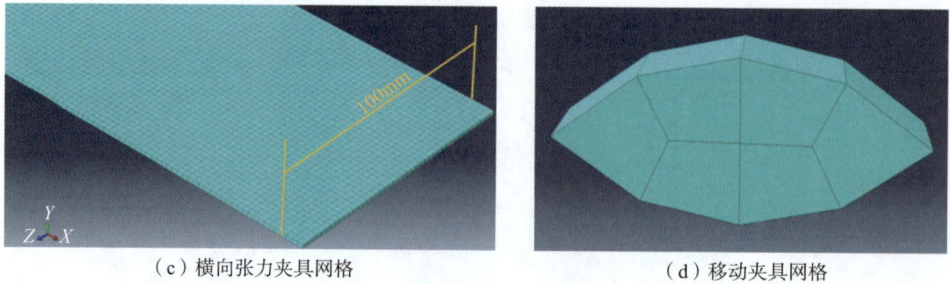

（c）横向张力夹具网格　　　　　　　　　（d）移动夹具网格

图11-8　模型中各部件有限元网格

个积分点）的实体单元时的常见过程。对横向张力夹具板和移动上颌刚体块均采用C3D8R单元模式。

（2）赋予材料属性。

纱线材料性能的参数见表11-3，横向各向同性芳纶纱线的材料常数由纵向弹性模量E_1决定，E_1值通过长丝拉伸实验获得，假设x方向沿着纤维轴。经过前期的预实验研究中，设横向弹性模量（E_2和E_3）和剪切模量（G_{12}、G_{13}和G_{23}）比E_1小一个数量级，以再现纱线的线行为。所有这些弹性性质必须严格地在材料方向上给出，如图11-9所示。而泊松比设定为$Nu_{12}=Nu_{13}=Nu_{23}=0$，因为纱线是松散的单个纤维的集合。纱线经纬密度根据纱线中Twaron®纤维的

表11-3　纱线材料性能参数

材料性能	1方向	2方向	3方向
弹性模量	$E_1=101GPa$	$E_2=21GPa$	$E_1=21GPa$
剪切模量	$G_{12}=20GPa$	$G_{13}=20GPa$	$G_{23}=20GPa$
泊松比	0	0	0

（a）S-8纱线　　　　　　　　　　　　（b）S-13纱线

图11-9　材料各方向弹性性质

填充密度设定为1248kg/m³。横向张力夹具板和移动上颌刚体板均采用钢体材质，其质量密度为7687kg/m³，杨氏模量为210GPa，泊松比为0.3。

（3）设置相互作用。

操作参见2.2.3（4），织物纱线抽拔模型的摩擦系数为0.18。

（4）设置载荷。

为模拟真实抽拔力实验，张力夹具表面是固定的，因此在张力夹具表面增加边界条件，使夹具和织物边界保持静止不动，且在张力夹具外侧表面施加向外方向100N的力，其模型设定如图11-10所示。将模型速度赋予刚体质点，速度沿Z轴正方向，大小为0.008333m/s，即500mm/min。牵引纱线随刚体小方块（移动夹具）同步移动，如图11-11所示。

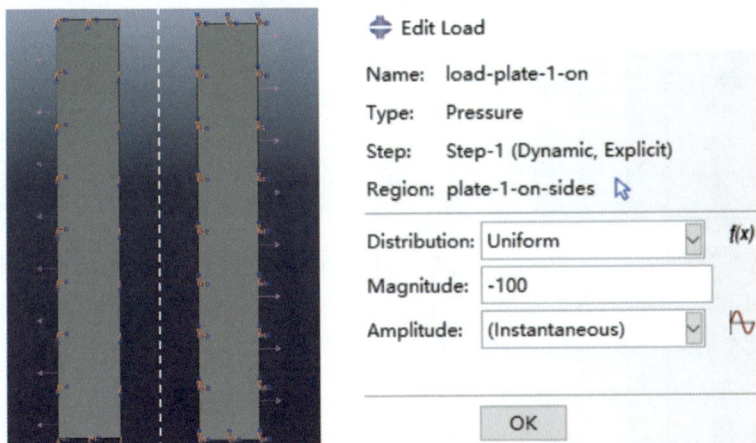

图 11-10　横向张力夹具载荷设置

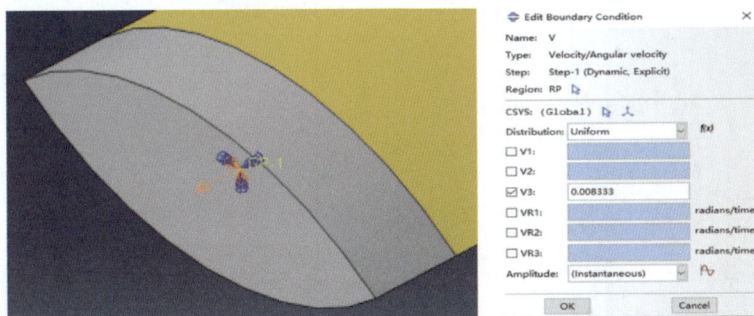

图 11-11　移动夹具载荷设置

（5）设置输出。

参见2.2.3（7）。

11.3 结果分析

图11-12为在100N预张力下，两种组织密度缎纹织物的实验和模拟摩擦力—位移曲线。从中可观察到，"S-8-原布"与"S-13-原布"的数值模拟结果和实验测试结果的差异分别为9.836%和0.980%，均控制在10%范围内。同时，模拟与实验的摩擦振荡曲线也趋于相似，图11-13为不同速度下的缎纹织物摩擦力—位移曲线，随着牵引纱线的向前移动，摩擦力—位移曲线会随之波动，摩擦力值并逐渐递减；波峰间的振荡频率也和实验相互吻合，由此表明缎纹织物有限元分析模型具有良好的有效性，可以与实验结果表现出良好的一致性。

图11-14为织物模型中纱线抽出织物的过程。在纱线抽出2s时，织物的应力分布在抽拔纱线两侧附近区域，且随着抽拔纱线距离的增大，应力逐渐减小。在纱线抽出4~7.8s时，应力分布范围发生了变化，应力随着抽拔纱线的移动而逐渐向抽出方向移动。对于不同的织物模型，纱线抽拔过程也有不同，"S-8-0.18"织物模型的应力分布较其他三个模型的范围更广，但应力

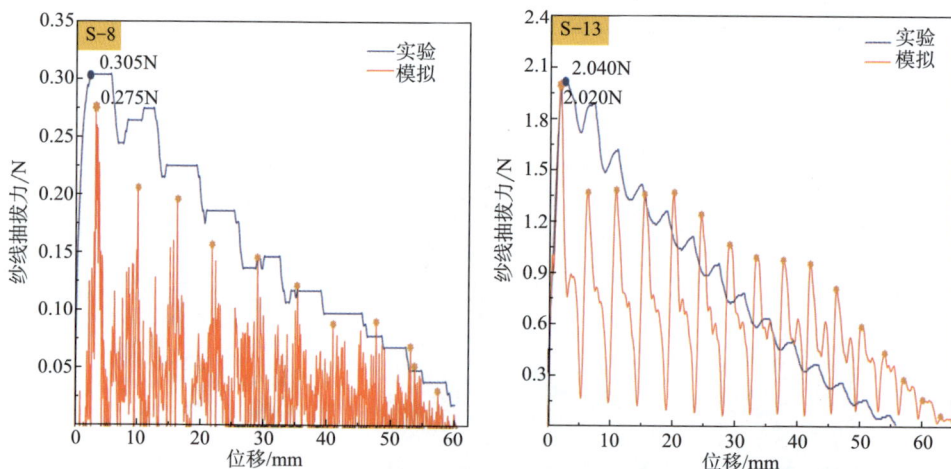

图 11-12　两种组织密度缎纹织物的实验和模拟摩擦力—位移曲线

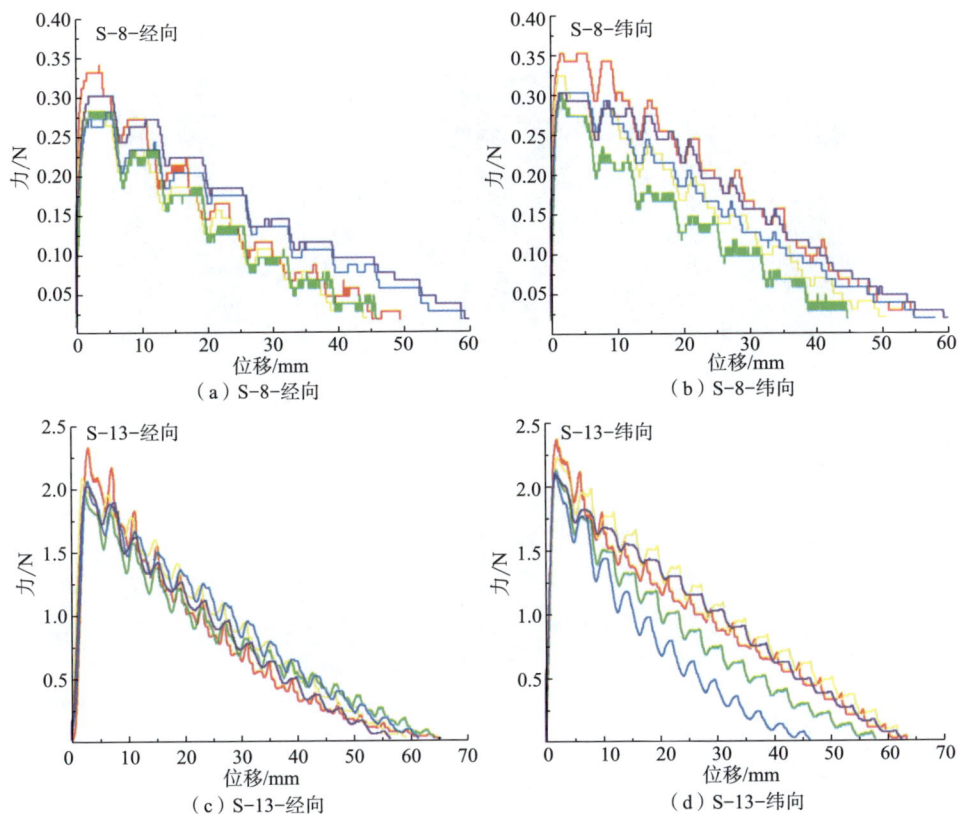

图 11-13　不同速度下的缎纹织物摩擦力—位移曲线

——100mm/min；——200mm/min；——300mm/min；——400mm/min；——500mm/min

较小。原因是纱线间摩擦力小，织物的纱线移动数量大，移动距离长，导致周围纱线的阻力小。织物模型的两侧边界属于固定状态，当织物抽拔纱线移动的过程中，两侧的边界并不移动，但从"S-13"的两个模型中可看出，纱线抽出的过程中，织物呈现出一定的剪切角度，随着抽拔时间（抽拔距离）的增加逐渐增大，然后至纱线完全抽出后恢复原状。其中，纱线抽出6s时角度最大。

通过对比实验与数值模拟的结果，发现两种缎纹织物的摩擦力—位移曲线在预张力下差异均控制在10%以内，且摩擦震荡曲线相似，验证了有限元分析模型的有效性。此外，模拟中纱线抽出过程与实验一致，应力分布随抽拔纱线移动而变化，不同织物模型表现出不同特点。这些结果表明，模拟模型能够较好地模拟织物的力学行为。

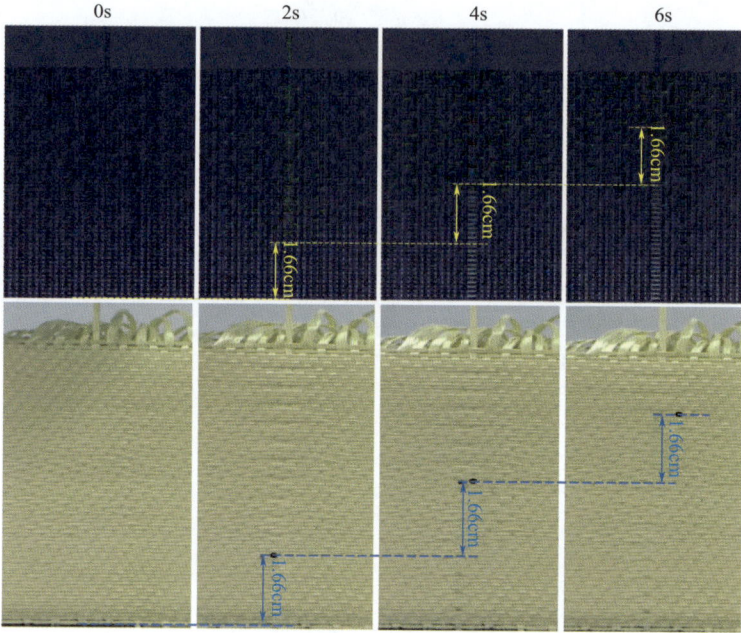

图 11-14　S-8 模型的纱线抽拔过程

第12章

经编织物防刺有限元分析案例

防刺材料作为个体防护装备的重要分支，其柔性化、舒适化的发展趋势越来越明显，更加符合人体的穿戴需求。经编织物是针织物的基本组织之一，是常见的柔性材料。另外，纱线线圈交错形成网眼，具备极佳的透气透湿性，能够改善人体穿戴热湿环境，有望成为舒适型防刺材料。本章将以芳纶网眼经编织物作为防刺材料，对其建模并在GA 68—2019标准下使用D1测试刀具在ABAQUS软件中进行仿真实验。考虑到经编织物建模的复杂性，选择专业的建模软件—UG，对网眼经编织物进行3D建模，然后导入ABAQUS进行防刺模拟及分析。

12.1 案例背景

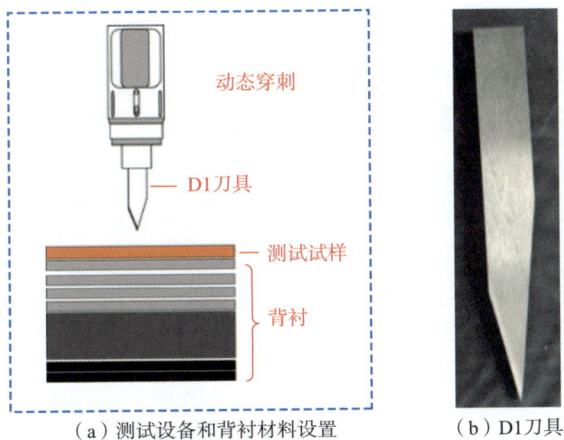

（a）测试设备和背衬材料设置

（b）D1刀具

图 12-1　防刺试验示意图

依据GA 68—2019《警用防刺服》进行测试，刀具为D1，要求其质量不超过2.5kg，防刺层的防护面积应大于或等于0.25m²。测试以（24±0.5）J为冲击能量，穿刺角度为0。测试结束后检查刀具的刀刃损伤情况，一把刀具仅能测试一次，测试结束后需要更换新的刀具。图12-1是防刺测试装置示意图和所使用的刀具。

12.2 模型建立步骤

12.2.1 建立部件

本案例的网眼经编织物如图12-2所示，设定经纬密相同，经纬纱横截面相同。所有数值默认使用统一国际单位。打开UG软件新建模型与纱线模型草图平面，如图12-3和图12-4所示。

网眼经编织物模型由开口8字形线圈与闭口8字形线圈依照一定的编织规律装配而成，开口线圈和闭口线圈如图12-5和图12-6所示。首先在UG软件主页选择绘制空间曲线命令，然后在草图平面粗略绘制模型的轮廓线条，再对其使用模型图纸指定尺寸进行约束得最终草图轮廓。网眼经编织物轮廓线条通过扫掠指令之一管道指令将两组线圈转变为实体模型，两组线圈再有序地互相圈套并依次排列得网眼经编织物模型。

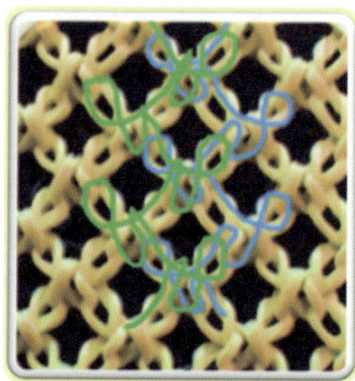

图 12-2　网眼经编织物

图 12-3　建立模型

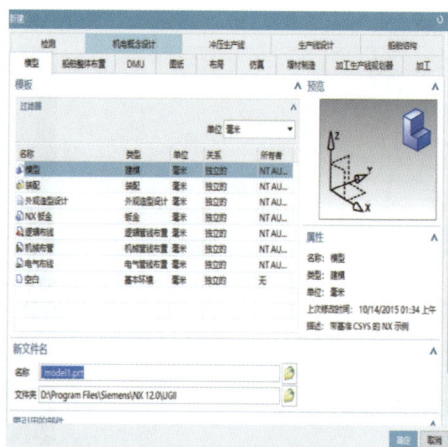

图 12-4　建立纱线草图平面

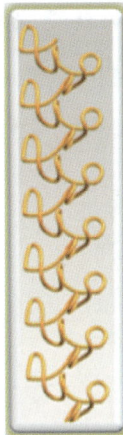

图 12-5　开口线圈

图 12-6　闭口线圈

UG软件对网眼经编织物模型建模，首先从闭口8字形线圈进行建模。创建一个xz基准平面，在此平面上绘制一个半径0.7mm的半圆草图，以半径0.7mm半圆的右边终点（0，0.7，0）为起点，创建半径2mm的圆弧，与半圆右边终点相切。以左边终点（0，-0.7，0）与坐标原点（0，0，0）相连直线作基线，创建与xz平面相交夹角135°的基准平面，并在此平面绘制半径为2mm的空间曲线圆弧，其与半圆相交处通过倒角作出与半圆相切圆，如图12-7所示。以x=0的直线作对称线，以原点（0，0，0）与点（-2.5，0，0）相连直线作基线，创建135°基准平面，并镜像xz平面的草图，其与xz平面草图相交处通过倒角作相切圆弧，如图12-8所示。以点（$\sqrt{0.7}$，$-\sqrt{0.7}$，$-\sqrt{0.7}$）与点（0.7，0.47，-0.48）相连直线作基线，创建75°xz基准平面，并以点（$\sqrt{0.7}$，$-\sqrt{0.7}$，$-\sqrt{0.7}$）为起点，以点（0.7，0.16，-0.48）为终点，绘制半径9.1mm圆弧，并绘制以点（0.7，0.47，-0.48）为起点，半径为0.55mm的半圆与圆弧相切，如图12-9所示。最后创建与xz平面平行且相离-0.48mm的基准平面，绘制点（0，0，-0.48）与点（1.95，0，-0.48）相连直线，并与图12-7中空间曲线半径2mm的圆弧相连作相切倒角圆弧。最终8字形闭口线

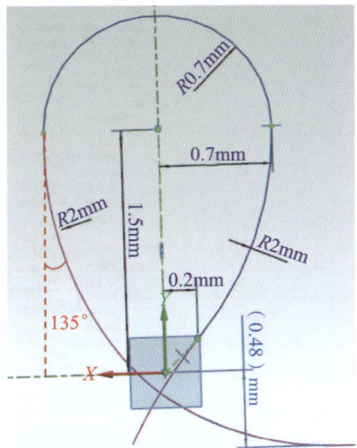

图 12-7　经编闭口线圈上线圈

圈绘制空间曲线几何体如图12-9所示。对所绘制网眼经编闭口线圈轮廓进行直径0.31mm管道命令操作，形成实体模型如图12-10所示。

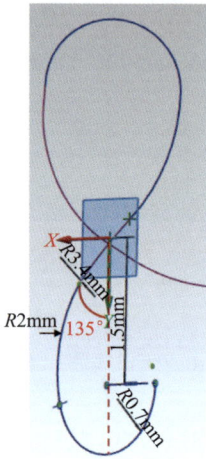

图 12-8　经编闭口线圈下线圈

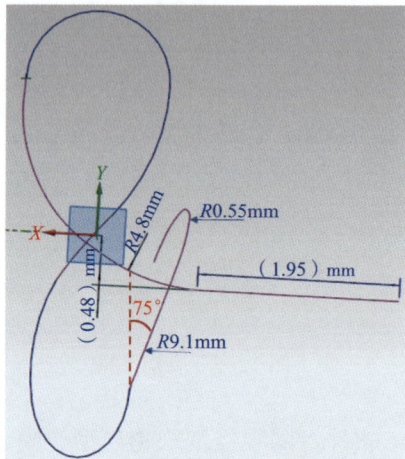

图 12-9　网眼经编闭口线圈的草图

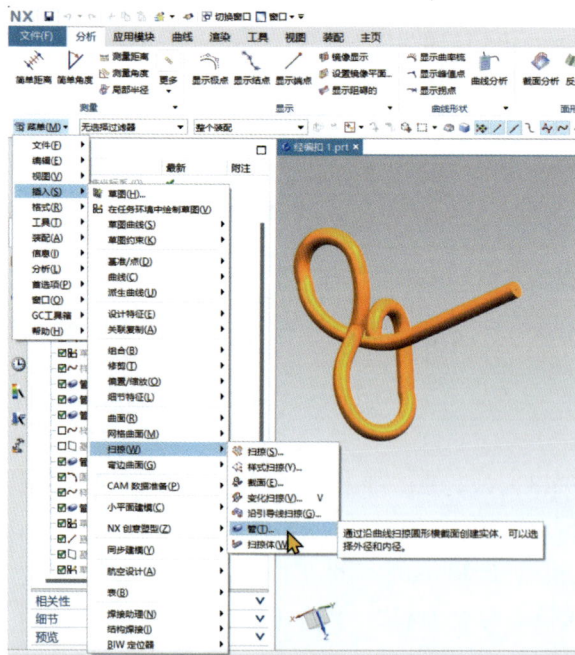

图 12-10　经编闭口线圈部件模型

打开新的建模窗口，再进行开口8字形线圈建模。由于两组线圈属于装配关系，因此开口线圈模型与闭口线圈在前半部分一样，可参照图12-7与图12-8进行绘制。以点（$\sqrt{0.7}$，$-\sqrt{0.7}$，$-\sqrt{0.7}$）与点（0.7，-0.87，-0.48）相连的直线作基线创建75° xz基准平面，并以点（$\sqrt{0.7}$，$-\sqrt{0.7}$，$-\sqrt{0.7}$）为起点，以点（0.7，-0.87，-0.48）为终点，绘制半径9.1mm圆弧，并绘制以点（0.7，-0.87，-0.48）为起点，半径0.55mm的半圆，使半圆与圆弧相切。最后创建与xz平面平行且相离-0.48mm的基准平面，绘制点（0，0，-0.48）与点（1.95，0，-0.48）相连直线，并与图12-7中空间曲线半径2mm的圆弧相连作相切圆弧倒角。最终的8字形开口线圈如图12-11（a）所示，对其所绘制轮廓进行直径0.31mm管道命令操作，形成实体模型如图12-11（b）所示。

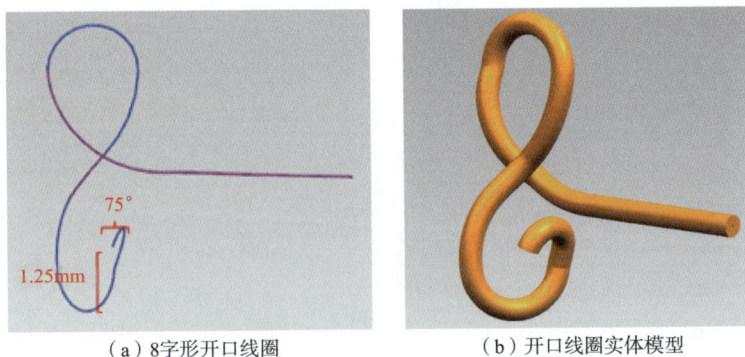

（a）8字形开口线圈　　　　　　　（b）开口线圈实体模型

图 12-11　经编开口线圈部件模型

12.2.2　装配织物

通过UG软件对两个相同的闭口8字形线圈首尾使用接触、同心、平行等装配指令形成装配部件组，再继续装配形成一组长30mm的经编组织，装配工具如图12-12所示。闭口8字形线圈组织与开口8字形线圈组织，两组经编组织通过接触、平行装配指令相互圈套进行装配，并依次装配轮流排列在相邻两线圈纵行，最终建立长宽30mm×30mm大小的织物模型，织物建模流程如图12-13所示。

12.2.3　ABAQUS 导入模拟

从UG软件中导出xt格式的文件到桌面，打开ABAQUS软件在主页打开导入装配命令从桌面导入xt格式文件如图12-14所示，之后就可对装配体进行有限元模拟操作了。

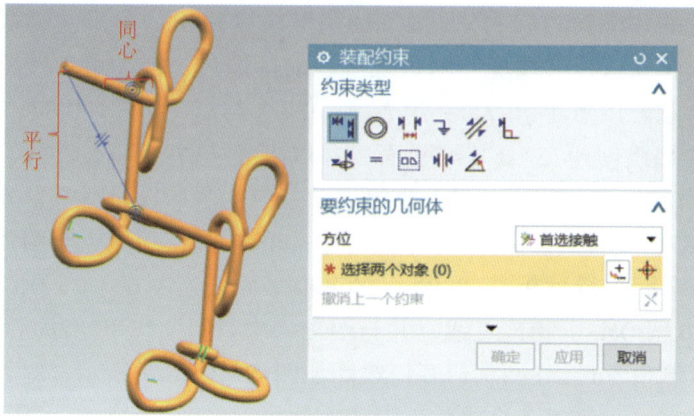

图 12-12　装配工具

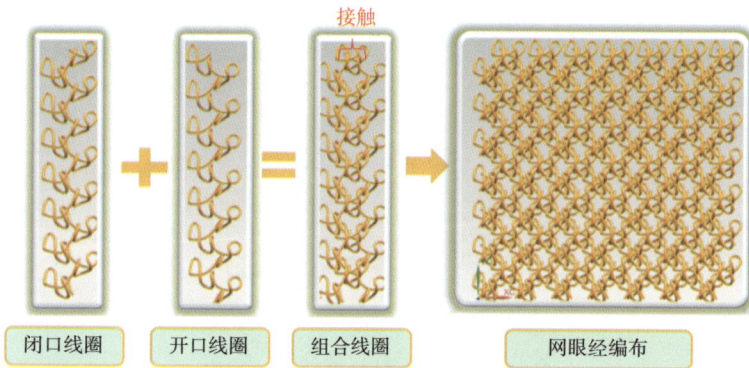

图 12-13　织物建模流程图

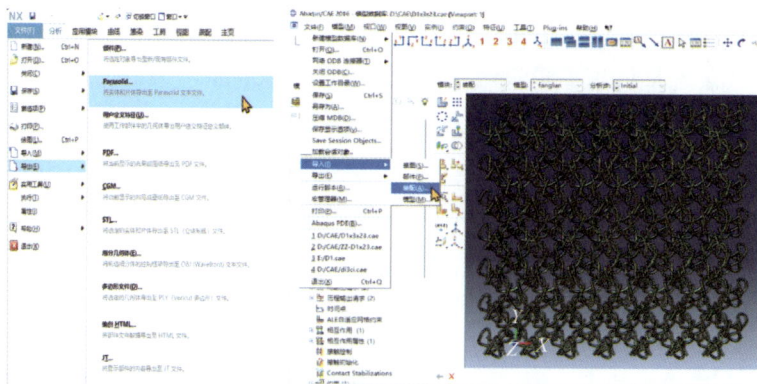

图 12-14　模型导入 ABAQUS

ABAQUS软件中1∶1尺寸建模GA 68—2019《警用防刺服》A类防刺服测试D1刀具的外形及尺寸要求，如图12-15所示，材质为9Cr18Mo不锈钢，刀体表面硬度为50～55HRC。防刺试验工作台40mm×40mm泡沫衬垫建模，再对已装配单层织物模型进行层间隔1.1mm线性阵列23层，将刀具、泡沫衬垫与织物层装配的装配体，如图12-16所示。

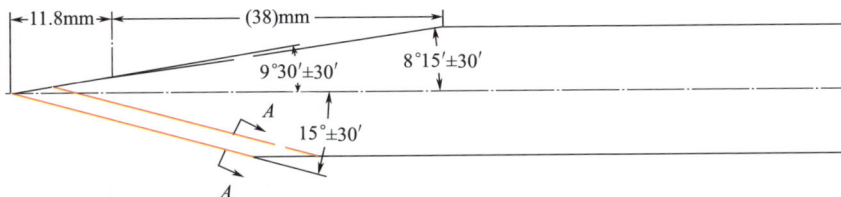

图 12-15　D1 刀具

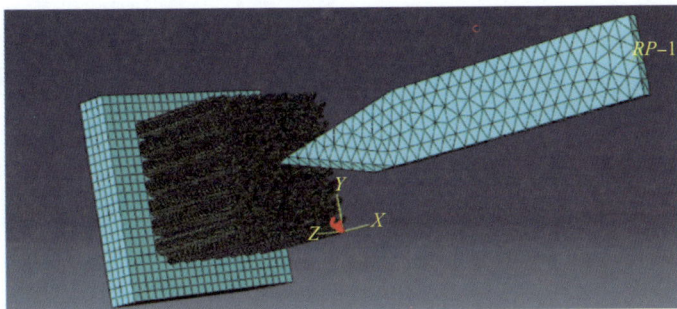

图 12-16　装配体

12.2.4　设置分析条件

（1）赋予材料属性与截面。

材料的属性设置：需要创建一种带有各种性质的材料，并使用这种性质，创建一种匀质的截面，并在每一个部件的截面指派中指派这种截面，赋予部件定义材料的性质。即材料属性设置→截面设置→部件截面指派，如图12-17所示。

材料属性的设置中，依次设立纱线的密度土方、模量、塑性、损伤演化力学性能参数。纱线材料选择后，创建截面，选择材料类别为实体/匀质。点击继续，选择相应的纱线力学性能参数。然后点击截面指派功能键，选择其中一根

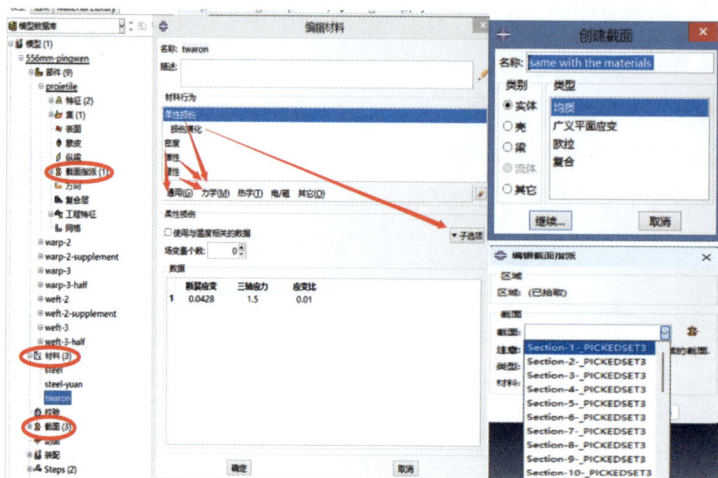

图 12-17　材料的属性设置

纱线，在截面下拉框里选择已设立好的纱线截面。创建的集合无须重命名，部件与装配中的集的管理是相互独立的，每个部件下有单独的集的管理。

（2）划分纱线网格。

在ABAQUS模拟运算时，是通过计算每个细小的网格中发生的变化来反映整个模型的变化情况，因此网格的划分有十分重要的意义。每一个部件需要单独划分网格。对部件特征进行改动后原有网格会失效，需要重新划分网格。可以通过双击网格（空）字符，切换到对应部件的网格页面；或是打开对应部件后，在模块选项中切换到部件的网格模块。

图12-18所示的工具是对全局布种，设置好点的分布后，为部件划分网格，确定后生成网格。

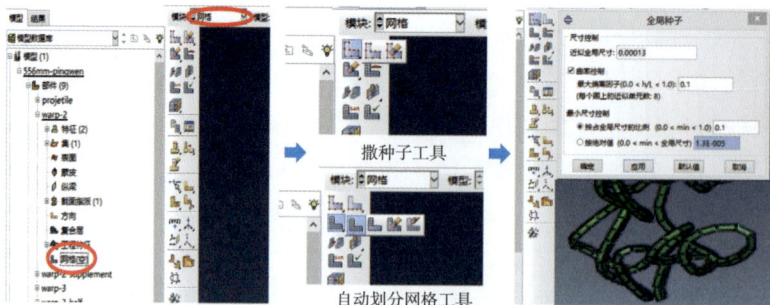

图 12-18　纱线的网格设置

（3）创建分析步。

分析历程的每一次条件变化为一个分析步。可以根据分析过程中的变化改变分析步的种类。但在案例中没有发生条件变化，力学、顶破、冲击模拟仅需一步。因此需要创建Step-1。目前已有默认的Initial（初始状态），新建通用类型中的动力，显式分析步Step-1，根据预估设置分析时间长度。完成后，会自动生成一个默认的场输出请求和历程输出请求，创建分析步如图12-19所示。

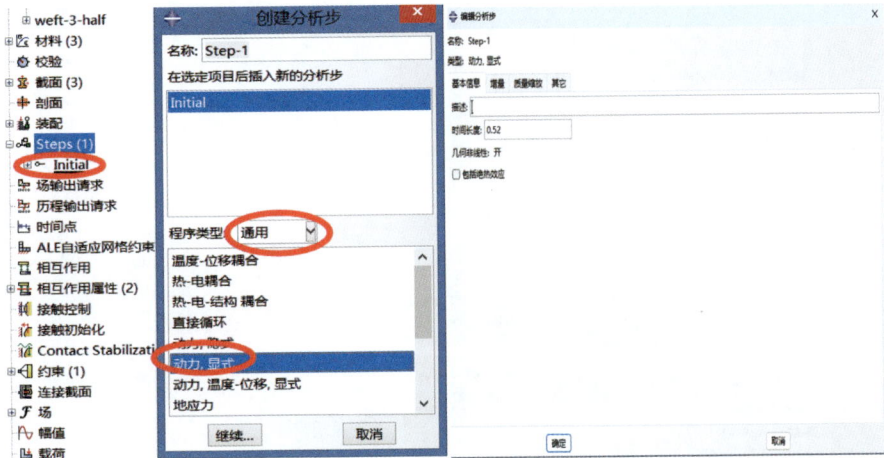

图 12-19　创建分析步

（4）设置相互作用。

创建相互作用之前，需要先定义相互作用属性，再通过指派到全局或部分模型产生作用。创建相互作用属性→接触→继续→力学→切向行为→摩擦公式：静摩擦-动摩擦指数衰减。在下方定义栏中输入需要的动静摩擦系数与衰减系数，即完成了一种摩擦力的相互作用定义，创建相互作用属性，如图12-20所示。

创建相互作用，选择通用接触。此作用仅在Step-1中存在，因此选择分析步Step-1。对表面在全局属性指派中选择创建的摩擦相互作用属性。完成对分析中全局摩擦力的设置。创建相互作用如图12-21所示。

（5）设置约束。

在分析过程中，为了避免因测试工具发生形变对模拟造成影响，以及减少模拟计算量，应将测试工具定义为刚体。创建约束→刚体→区域类型体

图 12-20　创建相互作用属性

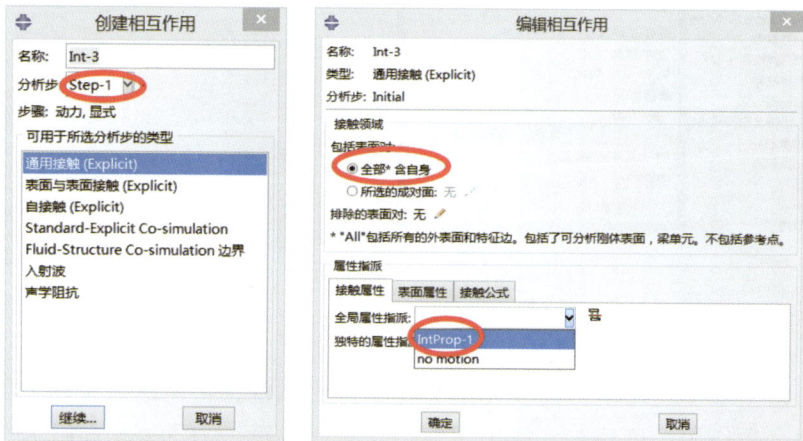

图 12-21　创建相互作用

（单元）→右边的编辑选择箭头→选择测试工具的模型→点：拾取右边的箭头选择测试工具的参考点→确定，刚体的设置如图12-22所示。

（6）设置边界条件。

力学测试将一端用边界条件进行固定，另一端用刚体进行力学设定。创建边界条件→选择Step-1→对称/反对称/完全固定→继续→从俯视图框选织物端部表面→完成→勾选全部方向→确定，完成将织物端部在三个方向上的位移和转动固定为0的设置，固定的边界条件如图12-23所示。

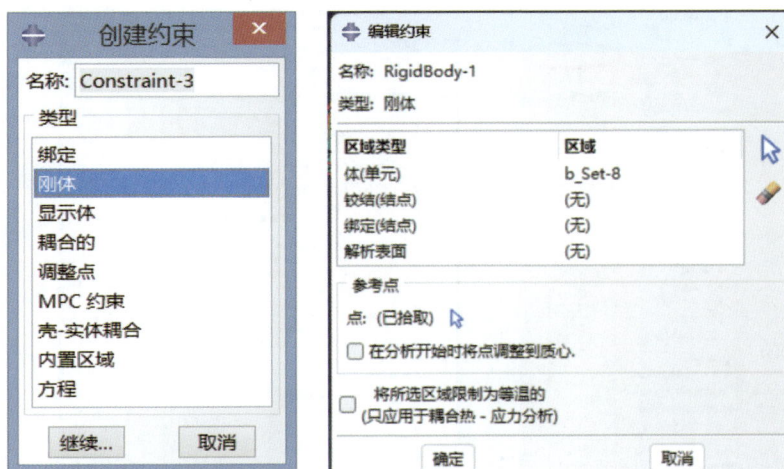

图 12-22 刚体的设置

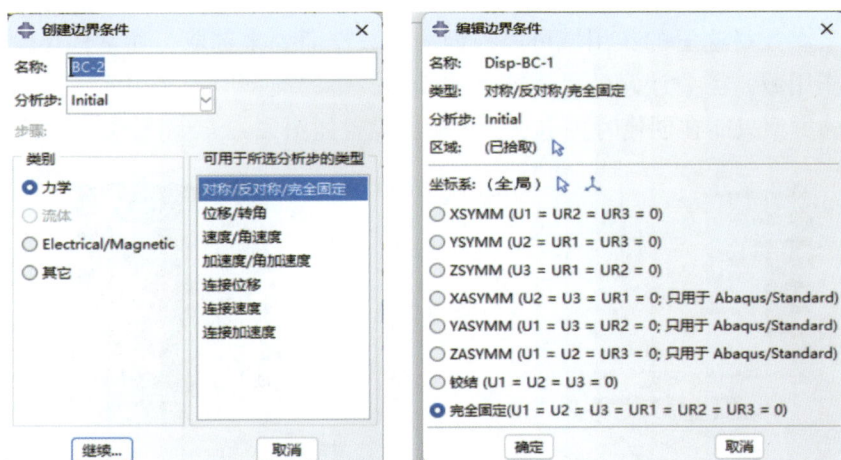

图 12-23 固定的边界条件

（7）设置输出。

设置的场输出和历程输出决定了能得到的模拟数据，在提交分析前应仔细检查。场输出的数据用于模型绘图（变形图、云图等）。场输出的作用域设置为整个模型。频率设置为每隔*x*个时间单位输出。设置的*x*值为时间的间隔大小。总时间不变的情况下，间隔越小，文件越大，根据需要自行调整。另外场输出中需勾STATUS，以删除失效模型中单元，场输出设置如图12-24所示。

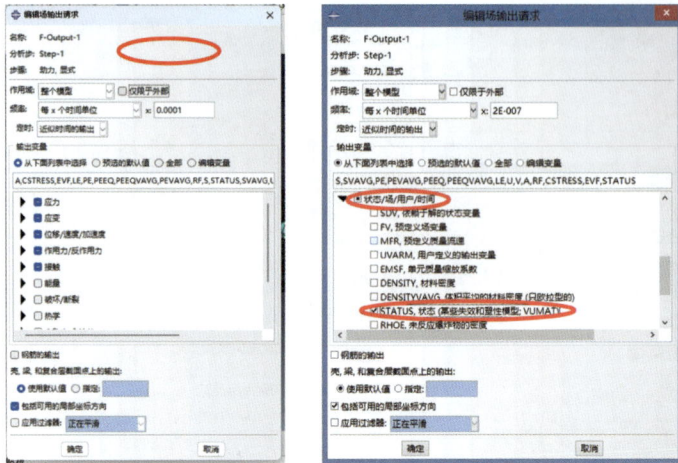

图 12-24　场输出设置

历程输出的数据用于X—Y绘图，输出作用域内在模拟过程中随时间变化的各项参数。这里的作用域可以根据输出数据需要来选取，通常选择设置的集为作用域。需要注意的是，能量的输出、集的类型应选择单元（网格），而集的类型只能在创建时决定。历程输出设置如图12-25所示。

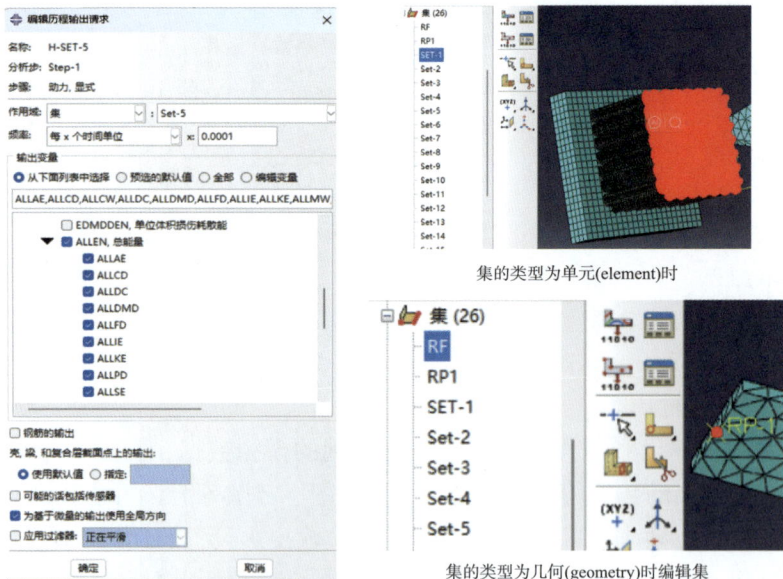

集的类型为单元(element)时

集的类型为几何(geometry)时编辑集

图 12-25　历程输出设置

在二维针织物的力学测试中，需要设置能量吸收与纱线应力的历程输出。

12.3　结果分析

40层网眼经编织物的防刺测试模拟应力分布云图如图12-26所示。在前层（第1层和第14层），经编织物的应力分布范围较大，参与的纱线较多，可以观察到明显的纱线挤压现象。中层（第21层和第28层），应力区域减小，第28层的缩小更为显著。经编织物防刺的后层（第35层和第40层），应力区域进一步下降，并且纱线断裂的应力集中现象更加明显，不存在纱线的挤压和拉伸现象。由此可见，多层经编织物在抵抗刀具刺入时，前、中、后层的

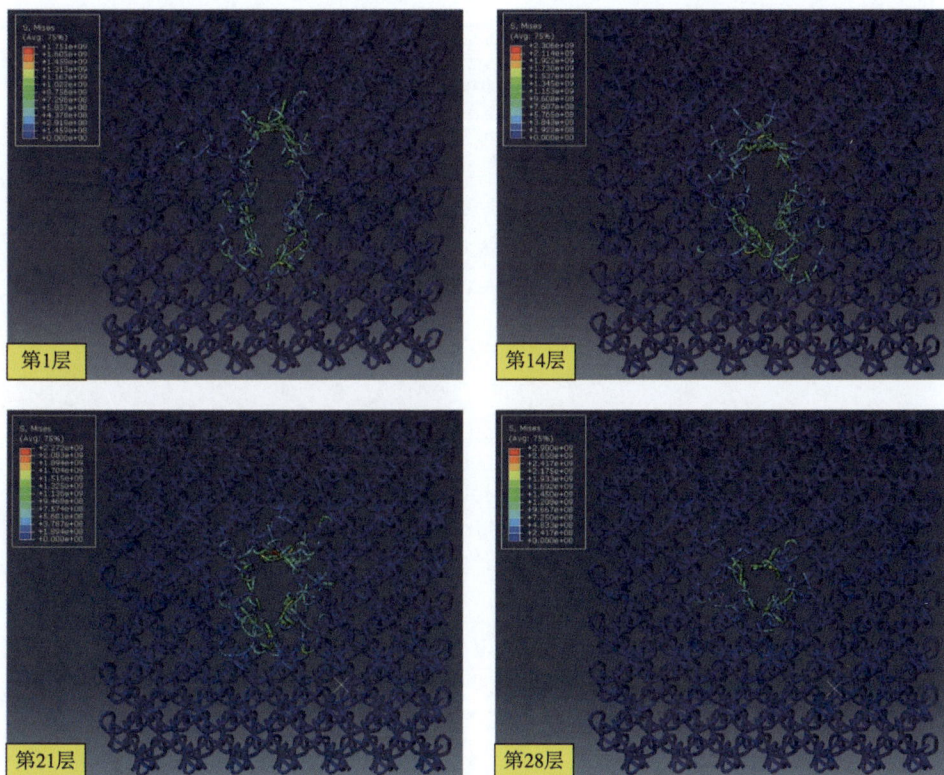

图 12-26

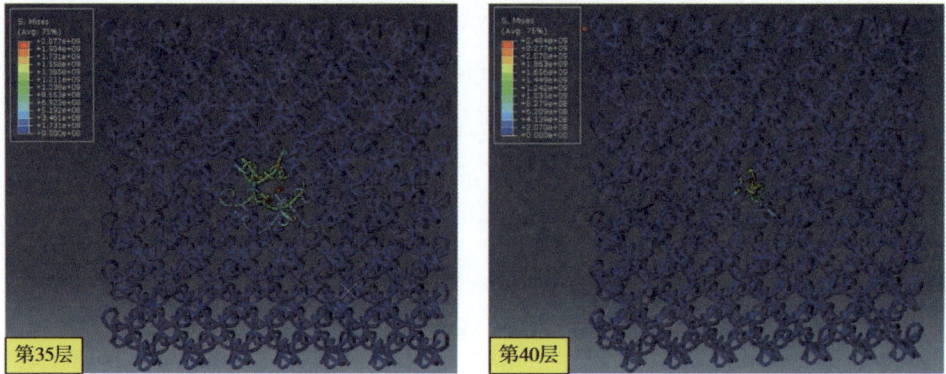

图 12-26　经编织物防刺测试模拟应力分布云图

抵抗方式是存在差别的，在前层，由于中、后层的支撑，前层得以有较长的时间对刀具刺入作出反应，因此可以把刺入力分散到更大范围。而在中、后层，随着刀具刺入能量的持续消耗和支撑作用的缺失，应力集中现象逐渐明显，纱线的失效模式变为剪切破坏。综上所述，在进行防刺层设计时，前、中层应该选择韧性较好的材料，而后层则应选择抗剪切性较好，即刚度较好的材料。

第13章

ABAQUS 与其他软件联用案例

三维层间网联织物通过在一定间隔长度后将相邻子层中的经纱合并到同一子层中，并在一定间隔长度后再次分离到相邻两个子层中来形成分离区和绑定区，构成层间互联结构。再次分离经纱的时候甚至可以将原来上、下子层中的经纱对应交换到下、上子层，从而使经纱能够不断变换子层，在织物的厚度方向上不断深入。在用于防弹材料时，该结构被认为能够提高三维织物在受到高速冲击时将冲击能量向厚度方向传输的能力，同时也能够通过绑定区的高织物密度提高纱线间相互作用水平，从而提高织物的防弹能力。本案例介绍使用TexGen来构建三维层间网联织物的几何模型，并将其导入ABAQUS来创建三维层间网联织物受弹片高速冲击的有限元分析过程。

13.1 案例背景

三维层间网联织物中存在相邻两层经纱汇聚到一层的情况，如图13-1所示。如果在其分离区和绑定区都采用平纹结构且织物密度不是太低，绑定区的

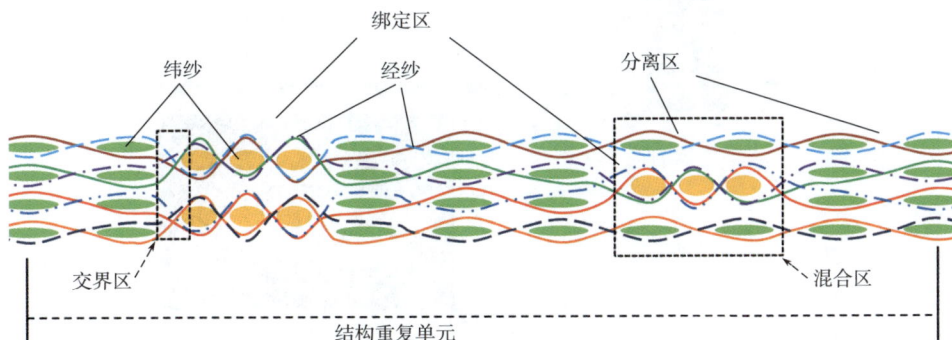

图 13-1 三维层间网联织物截面结构示意图

纱线就会比分离区的更"拥挤"，使这两个区域的纱线会有明显不同的截面形状，如图13-1中不同区域纬纱横截面结构示意图所示。对于连续的经纱而言，有必要在保持截面面积不变的情况下

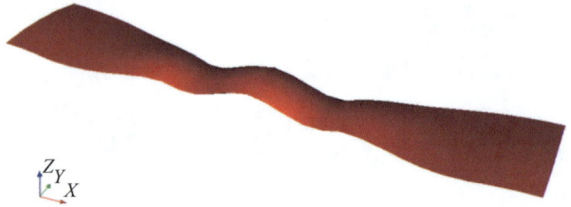

图 13-2　三维层间网联织物中经纱的截面渐变示意图

让它们在不同区域有不同的截面形状。截面形状改变的区域——交界区（joint area）中的这一段经纱，如图13-2所示，其几何建模是一个难点。这种平滑的变化无法在ABAQUS自带的建模环境中实现。一些专业的3D建模软件可以实现这样的设计，但是远远不如专业的织物几何建模软件TexGen简单方便。

前面的案例中已经介绍过如何在ABAQUS中创建纱线级别的有限元模型。本节主要介绍如何使用TexGen创建特殊纱线的几何模型并导入ABAQUS中完成有限元分析。

TexGen是由英国诺丁汉大学主导开发的一款用于对纺织品结构的几何形状进行建模的开源软件，基于GPL（通用公共许可证）许可。诺丁汉团队已将TexGen用作研究各种纺织品结构属性模型的基础，包括纺织力学性能、渗透性和复合材料力学性能。目前软件中已经集成了2D机织织物、三维正交机织物、无屈曲织物、三轴编织织物和纬编针织物等结构的可视化参数建模脚本，支持根据给定织物参数自动生成织物结构模型，如图13-3所示。

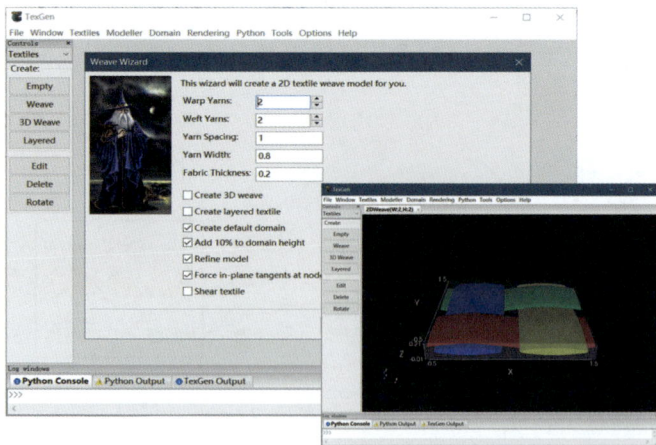

图 13-3　TexGen 图形化交互界面

TexGen的模型展示区，图13-3中的黑色背景部分，为鼠标的左键、右键以及左右键同时按下定义了不同的操作。

13.2　创建三维层间网联织物中经纱的几何模型

三维层间网联织物的自动化建模脚本还没有加入TexGen中，因此需要自行根据织物参数计算节点坐标、截面渐变区的始末位置坐标等参数。本小节使用TexGen创建一个极简的有两个子层的三维层间网联织物3DNFL2s3c3几何模型。

13.2.1　织物特征和结构参数

针对分离区和绑定区均为平纹结构且各区均有3根纬纱的三维层间网联织物3DNFL2s3c3，模型长宽均约为10cm。参考表13-1中的织物参数。

表 13-1　3DNFL2s3c3 织物参数

项目		分离区	绑定区
纱线密度 / （根 /cm）	经纱	7.825	15.65
	纬纱	7.825	15.65
纱线截面宽 / 高	经纱	1.134 / 0.105	0.5522 / 0.210
	纬纱	1.134 / 0.105	0.5522 / 0.210
织造倾角 / （°）	经纱	6.5027	30.8049
	纬纱	6.5027	30.8049

三维层间网联织物在不考虑细观纱线走向的情况下，可以仅按照分离区和绑定区的分布来考虑其宏观结构周期性，如图13-4所示。3DNFL2s3c3的一个最小可重复单元几何模型如图13-5所示，其中共有4根代表性经纱和4根代表性纬纱，刚好是两个不同结构参数的平纹织物中的特征纱线数目。根据周期性特征自动将其扩展到一个指定的大小（域，domain），如图13-6所示。

在分离区和绑定区，按照平纹织物来设定纱线路径上的节点位置即可。在分离区和绑定区的交界，也就是交界区，需要进行适当的调整，以尽量避免产生纱线间的交割（图13-7）和出现不符合物理规律的屈曲。在本案例

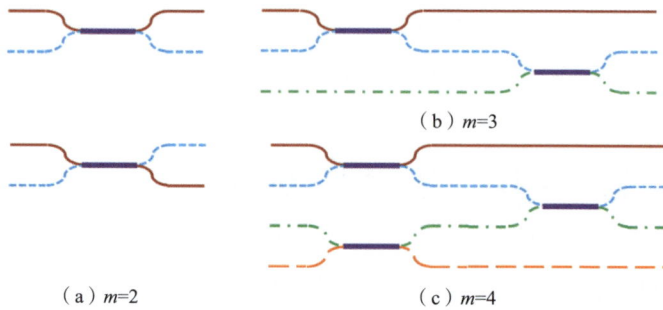

（a）m=2　　　　　　　　　　　（c）m=4

（b）m=3

图 13-4　三维层间网联织物宏观结构周期性示意图

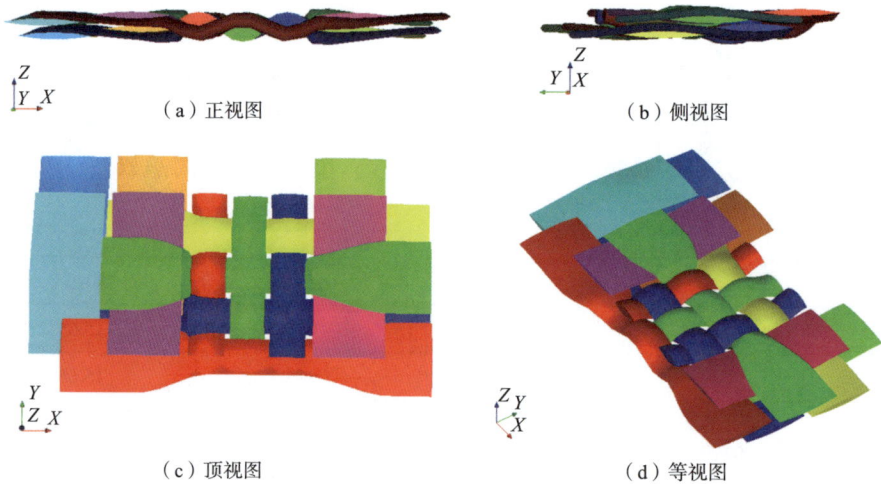

（a）正视图　　　　　　　　　　　（b）侧视图

（c）顶视图　　　　　　　　　　　（d）等视图

图 13-5　三维层间网联织物 3DNFL2s3c3 的一个最小可重复单元几何模型

中，从分离区最右侧的纬纱中心算起，留半个纬纱间距，同时给绑定区从其最左侧的纬纱中心算起，留半个纬纱间距，然后将两边直接对接起来。这将会导致模型中经纱的截面渐变过于突兀，且容易造成纱线之间的交割。

在布局纱线间相对位置时，考虑到相邻两层分离区中的经纱会在绑定区进入一层平纹中成为该层平纹结构的经纱，需要在分离区中将上下两层间的经纱错开，如图13-8所示。

对于示例模型来说，其中一个宏观结构周期的长度（经纱方向）约为0.00575079872204m，宽度（纬纱方向）约为 0.00255591054313m，厚度约为 0.00042m。因为计算过程中肯定会出现无理数，这里有效小数的位数按照

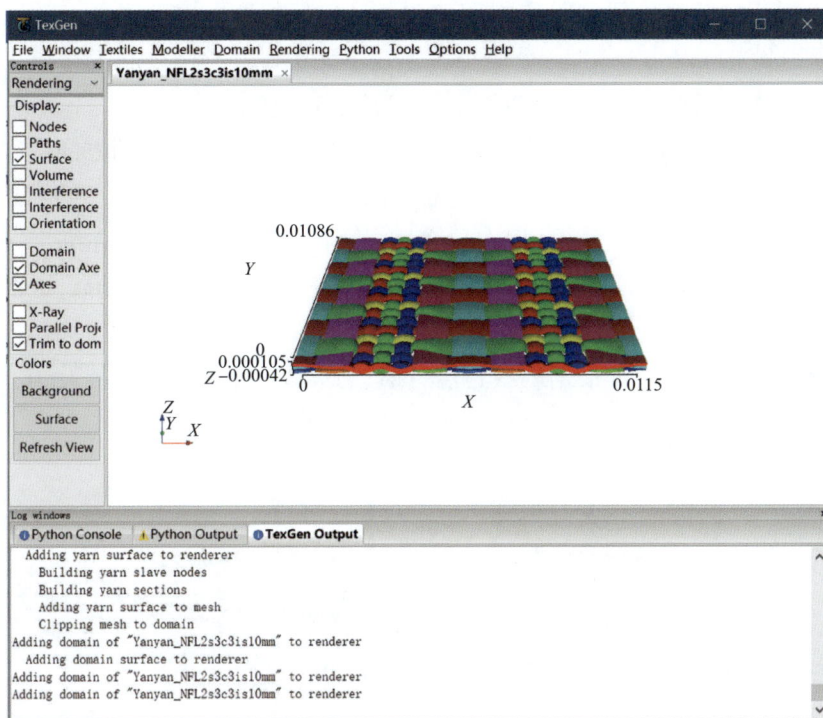

图 13-6　三维层间网联织物 3DNFL2s3c3 的一个约 10mm × 10mm 大小的模型

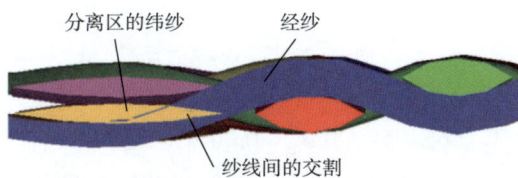

图 13-7　纱线间产生的交割示意图

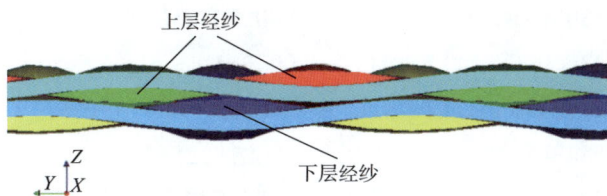

图 13-8　分离区经纱

TexGen默认的精度给出，没有按照工程原则进行保留。在普通的双层三维层间网联织物3DNFL2s3c3的一个最小可重复单元中，经纱需要11个节点，分离区的纬纱需要8个节点，而绑定区的纬纱需要16个节点。

　　将模型中的经纱，如图13-9所示x轴走向的4根纱线，沿y轴方向依次命名为e0、e1、e2和e3，它们在图中的颜色依次为红、蓝、绿和黄。纬纱是图中沿y轴走向的9根纱线，其中6根在分离区，中间红、绿、蓝3根在绑定区。但是根据平纹结构的周期性，每个区只有2根代表性纱线。例如，绑定区的三根纱线中，右侧的蓝色与左侧的红色实际上是一样的，仅向x轴正向平移了2倍纬纱间距。纬纱间距可根据纱线密度计算。这里将特征纬纱命名为p0、p1、p2、p3、p4、p5、p6、p7和p8。

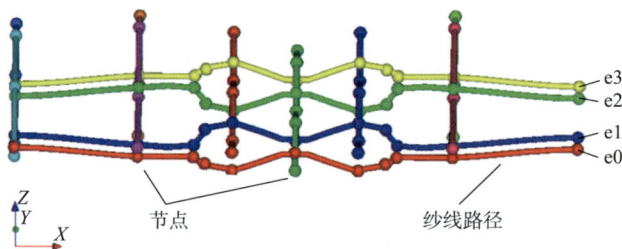

图 13-9　三维层间网联织物中经纱上的关键节点

其中4根经纱各自的11个节点坐标如下，单位为m。

e0：

（0.0，0.0，−5.25e−05）

（0.0012779552715654952，0.0，−0.0001575）

（0.0018449552715654953，0.0，−0.00015925477555885724）

（0.0019603217252396167，0.0，−0.0002357368450316679）

（0.0022364217252396168，0.0，−0.000315）

（0.0028753993610223646，0.0，−0.000105）

（0.003514376996805112，0.0，−0.000315）

（0.003790476996805112，0.0，−0.0002357368450316679）

（0.0039058434504792338，0.0，−0.00015925477555885724）

（0.0044728434504792336，0.0，−0.0001575）

（0.005750798722044729，0.0，−5.25e−05）

e1：

（0.0，0.0012779552715654952，−0.0001575）

（0.0012779552715654952，0.0012779552715654952，−5.25e−05）

（0.0018449552715654953，0.0012779552715654952，−5.074522444

114277e−05）

（0.0019603217252396167，0.0012779552715654952，−0.000235736845

0316679）

（0.0022364217252396168，0.0012779552715654952，−0.000315）

（0.0028753993610223646，0.0012779552715654952，−0.000105）

（0.003514376996805112，0.0012779552715654952，−0.000315）

（0.003790476996805112，0.0012779552715654952，−0.00023573684

50316679）

（0.0039058434504792338，0.0012779552715654952，−5.07452244411

4277e−05）

（0.0044728434504792336，0.0012779552715654952，−5.25e−05）

（0.005750798722044729，0.0012779552715654952，−0.0001575）

e2：

（0.0，0.0006389776357827476，−0.00026250000000000004）

（0.0012779552715654952，0.0006389776357827476，−0.0003675）

（0.0018449552715654953，0.0006389776357827476，−0.000369254775

5588572）

（0.0019603217252396167，0.0006389776357827476，−0.000184263154

9683321）

（0.0022364217252396168，0.0006389776357827476，−0.000105）

（0.0028753993610223646，0.0006389776357827476，−0.000315）

（0.003514376996805112，0.0006389776357827476，−0.000105）

（0.003790476996805112，0.0006389776357827476，−0.000184263154

9683321）

（0.0039058434504792338，0.0006389776357827476，−0.000369254775

5588572）

（0.0044728434504792336，0.0006389776357827476，−0.0003675）

（0.005750798722044729，0.0006389776357827476，−0.000262500000

00000004）

e3：

（0.0，0.0019169329073482429，−0.0003675）

（0.0012779552715654952，0.0019169329073482429，−0.00026250000
000000004）

（0.0018449552715654953，0.0019169329073482429，−0.0002607452
244411428）

（0.0019603217252396167，0.0019169329073482429，−0.0001842631
549683321）

（0.0022364217252396168，0.0019169329073482429，−0.000105）

（0.0028753993610223646，0.0019169329073482429，−0.000315）

（0.003514376996805112，0.0019169329073482429，−0.000105）

（0.003790476996805112，0.0019169329073482429，−0.0001842631
549683321）

（0.0039058434504792338，0.0019169329073482429，−0.0002607452
244411428）

（0.0044728434504792336，0.0019169329073482429，−0.00026250000
000000004）

（0.005750798722044729，0.0019169329073482429，−0.0003675）

纬纱的节点坐标如下，单位为 m。按照分离区和绑定区分别给出。

分离区：

p0：

（0.0，0.0，−0.0001575）

（0.0，0.0012779552715654952，−5.25e−05）

（0.0，0.0025559105431309905，−0.0001575）

p1：

（0.0012779552715654952，0.0，−5.25e−05）

（0.0012779552715654952，0.0012779552715654952，−0.0001575）

（0.0012779552715654952，0.0025559105431309905，−5.25e−05）

p4：

（0.0044728434504792336，0.0，−5.25e−05）

（0.0044728434504792336，0.0012779552715654952，−0.0001575）

（0.0044728434504792336，0.0025559105431309905，−5.25e−05）

p5：

（0.0，0.0006389776357827476，−0.0003675000000000001）

（0.0，0.0019169329073482429，−0.0002625000000000004）

（0.0，0.003194888178913738，−0.0003675000000000001）

p6：

（0.0012779552715654952，0.0006389776357827476，−0.00026249999
999999993）

（0.0012779552715654952，0.0019169329073482429，−0.0003675）

（0.0012779552715654952，0.003194888178913738，−0.00026249999
999999993）

p7：

（0.0044728434504792336，0.0006389776357827476，−0.00026249999
999999993）

（0.0044728434504792336，0.0019169329073482429，−0.0003675）

（0.0044728434504792336，0.003194888178913738，−0.00026249999
999999993）

绑定区：

p2：

（0.0022364217252396168，0.0，−0.000105）

（0.0022364217252396168，0.0006389776357827476，−0.000315）

（0.0022364217252396168，0.0012779552715654952，−0.000105）

（0.0022364217252396168，0.0019169329073482429，−0.000315）

（0.0022364217252396168，0.0025559105431309905，−0.000105）

p3：

（0.0028753993610223646，0.0，−0.000315）

（0.0028753993610223646，0.0006389776357827476，−0.000105）

（0.0028753993610223646，0.0012779552715654952，−0.000315）

（0.0028753993610223646，0.0019169329073482429，−0.000105）

（0.0028753993610223646，0.0025559105431309905，−0.000315）

p8：

（0.003514376996805112，0.0，−0.000105）

（0.003514376996805112，0.00063889776357827476，−0.000315）

（0.003514376996805112，0.0012779552715654952，−0.000105）

（0.003514376996805112，0.0019169329073482429，−0.000315）

（0.003514376996805112，0.0025559105431309905，−0.000105）

请注意观察除 p0、p1、p2 和 p3之外的其他纬纱的坐标与这四个特征纬纱坐标之间的关系。

13.2.2 TexGen 中创建织物模型的一般步骤

在TexGen中创建织物几何模型时，如果使用内置的引导程序，可以按照引导程序一步步输入对应的织物参数，软件会自动根据既定设计自动生成模型。对于特殊的织物结构，例如这里的三维层间网联织物，其模型的创建程序还没有加入TexGen库中。这就需要按照TexGen软件的内部逻辑一点点完成建模。有两种途径来完成操作，一种是根据界面的提示点击软件内置的控制按钮并输入参数，另一种是使用TexGen的内部指令（基于Python），直接运行包含参数的指令。下面会结合两种方法来介绍。

与ABAQUS中先创建纱线部件然后组装成织物的程序不同的是，TexGen中先创建一个空白的织物模型，相当于一个容器。然后在该容器中创建和排布纱线，从而创建该织物的一个最小可重复单元。这是因为织物通常都具有周期性的结构特征，TexGen充分利用这种周期性，只需要用户指定一个最小可重复单元，就能够根据周期性特征自动将其扩展到一个指定的大小（域，domain）。对于织物建模来说，这样设计可以让建模过程更加方便、快捷。最后，还可以根据需要来渲染该织物模型，例如显示/隐藏节点、路径、纱线表面、纱线网格（有限元单元）、域，甚至纱线颜色等。

（1）在TexGen中创建一个空白的纱线模型。

运行TexGen软件，先创建一个新的空白模型。如图13-10所示，在左边栏顶部的控制区（Controls）里选择Textiles，单击下面创建区（Create）的空白模型（Empty），然后在弹出的对话框中输入织物模型的名称，如实例（Example）。单击OK按钮后，会生成一个新的模型，显示区暂时是空白的黑色背景，其左下角显示了一个坐标系。

此时还能从图13-10中底部标记为4的区域看到对应的Python Output中显示当前操作的TexGen指令为：

AddTextile（'Example'，CTextile（））

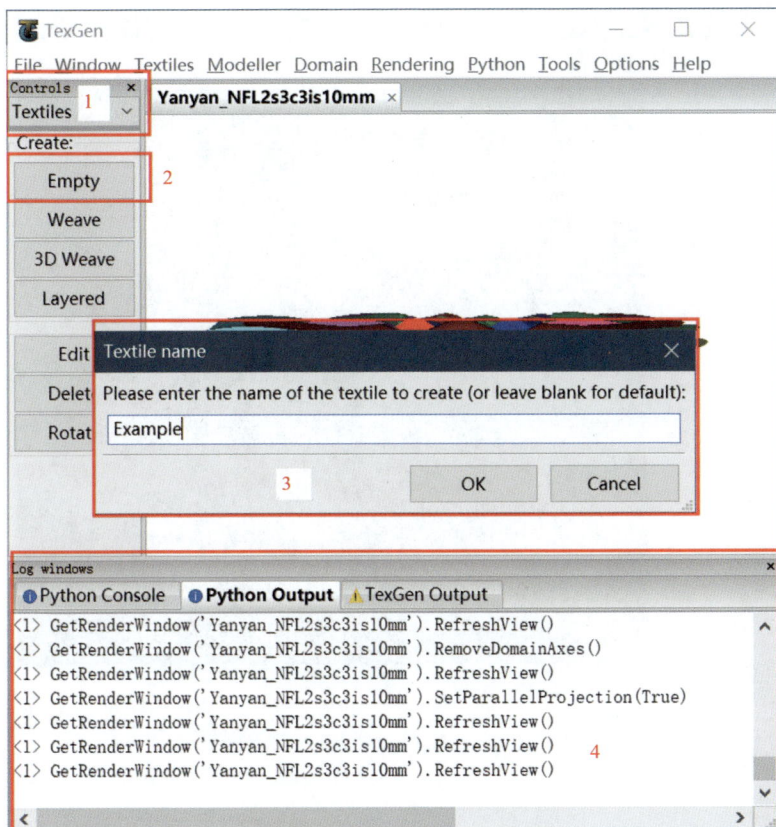

图 13-10　在 TexGen 中创建一个新的织物模型

该指令调用TexGen的内部工具CTextile并使用参数Example（也就是织物模型名称）来创建一个新的空白织物模型。如果直接在图13-10底部标记为4的区域的Python Console里面运行该指令，就能够快捷地完成刚才的第一步。可以尝试直接运行如下指令：

AddTextile（'Example_new'，CTextile（））

只需要复制上面的指令，粘贴到对应位置并回车即可看到效果。

（2）在TexGen中创建代表性纱线。

在TexGen主界面左侧边栏中切换Controls到Modeller模式，创建所有代表性纱线的模型。该步骤通过TexGen 中的Modeller界面（图13-11）根据织物参数采取手工设定的方法或者使用Python指令来完成。常用功能包括，创建一个基础的纱线模型（Yarn 按钮），如图13-12所示，并为该纱线设定截面属

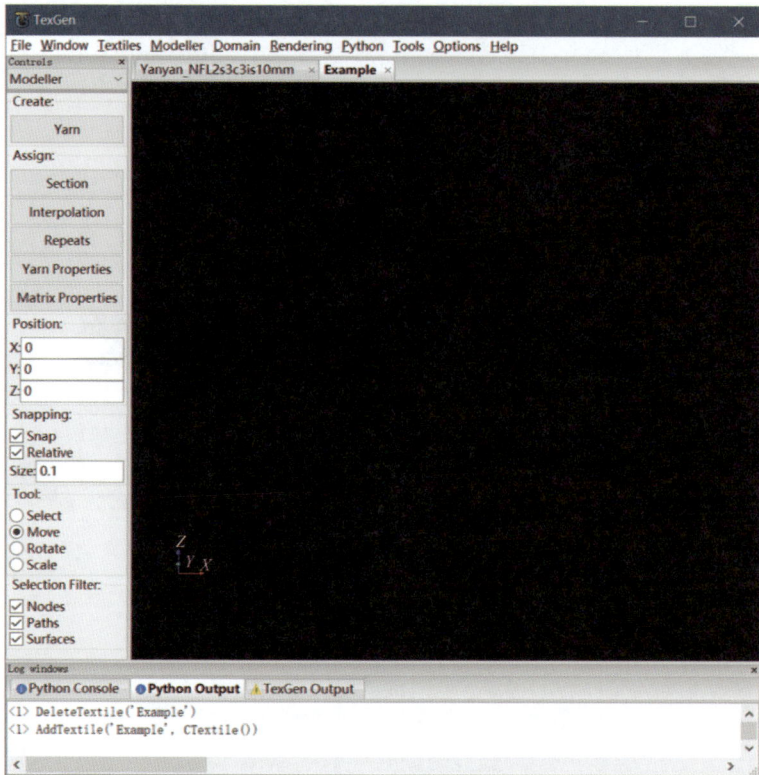

图 13-11　TexGen 中的 Modeller 界面

性（Section 按钮）。如果需要让某两个节点之间的纱线截面呈现变化，则需要用到 Interpolation 按钮来选择截面光滑转变所使用的插值方法。Repeats 按钮用于根据周期性设定/扩展纱线模型的长度。后面的 Yarn Properties 和 Matrix Properties 按钮是用于直接在 TexGen 中创建有限元分析模型的 .inp 文件时设置材料参数的。还有选择、编辑节点位置的操作等（如果看不到，请将软件主界面拉大点）。

　　TexGen 中需要在指定纱线路径的节点时就考虑织物内部各纱线的相对位置关系，在对应的位置处来创建纱线。前面织物的结构参数中给出的节点坐标已经考虑了纱线的相对位置关系。

　　然后创建经纱 e0。点击 Yarn 按钮，按照提示输入该纱线的起点和终点坐标，并输入总节点个数，如图 13-13 所示，单击 Ok 按钮确认。相应 Python 指令如下。

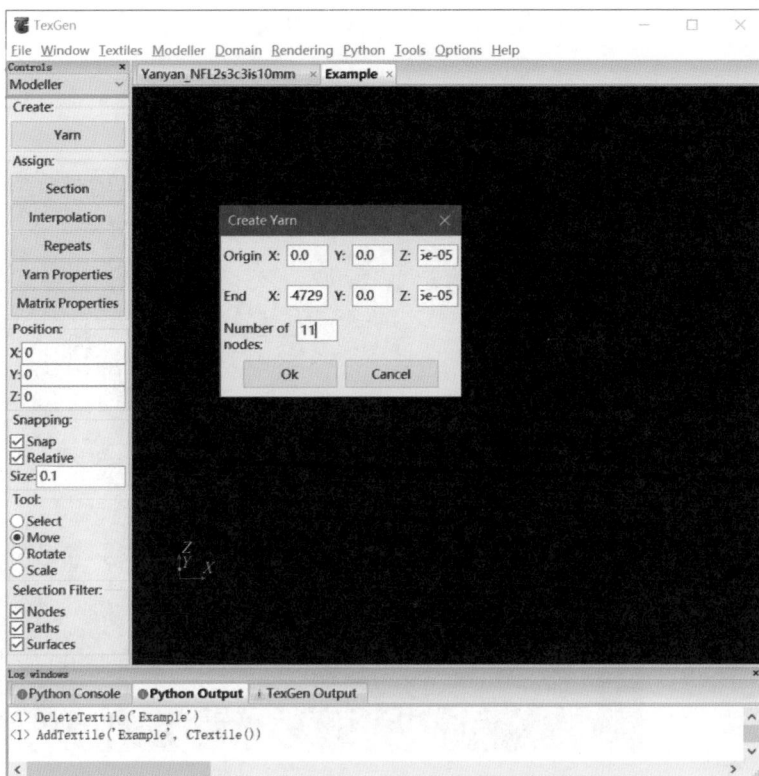

图 13-12　TexGen 中创建一个新的纱线

<1> yarn = CYarn（ ）

<2> yarn.AddNode（CNode（XYZ（0，0，-5.25e-05）））

<3> yarn.AddNode（CNode（XYZ（0.00057508，0，-5.25e-05）））

<4> yarn.AddNode（CNode（XYZ（0.00115016，0，-5.25e-05）））

<5> yarn.AddNode（CNode（XYZ（0.00172524，0，-5.25e-05）））

<6> yarn.AddNode（CNode（XYZ（0.00230032，0，-5.25e-05）））

<7> yarn.AddNode（CNode（XYZ（0.0028754，0，-5.25e-05）））

<8> yarn.AddNode（CNode（XYZ（0.00345048，0，-5.25e-05）））

<9> yarn.AddNode（CNode（XYZ（0.00402556，0，-5.25e-05）））

<10> yarn.AddNode（CNode（XYZ（0.00460064，0，-5.25e-05）））

<11> yarn.AddNode（CNode（XYZ（0.00517572，0，-5.25e-05）））

<12> yarn.AddNode（CNode（XYZ（0.0057508，0，-5.25e-05）））

<13> GetTextile（'Example'）.AddYarn（yarn）

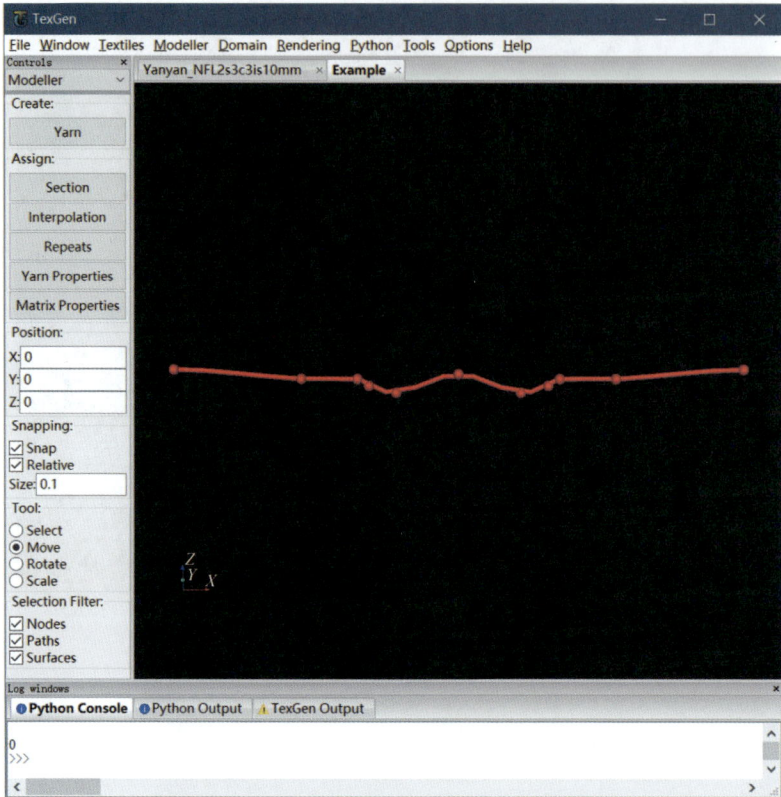

图 13-13　新创建纱线 e0 的节点和路径

其中每行前面的 <..> 部分是序号，如果在Python Console中输入指令的话，应该去掉序号及其后面的空格。从这些指令中可以看出，TexGen已经自动将这11个节点在起点和终点之间等距分布了。对比坐标信息可以看到，这里的计算并没有考虑纱线的屈曲，坐标信息与前面给出的坐标信息并不一致。

如果暂时还看不出纱线的实际形态，可以通过鼠标左键单击工具栏Rendering条目下面的"Render Textile Nodes""Render Textile Paths"或"Render Textile Surface"等条目来启用或者禁用它们来重新渲染即可看到。然后就可以使用鼠标操作来选择和修改节点坐标了。

实际上，有了上面的指令作为例子，可以根据前面的节点信息修改它们，然后直接运行指令来创建纱线，也就不需要一个个地修改节点坐标了。

单击选中刚才新建的纱线，然后按键盘上的 Delete 键即可删除这根纱线。也可以直接在Python Console中输入指令：

GetTextile（'Example'）.DeleteYarn（0）

可以看到，TexGen仅给纱线进行了编号（上述指令中的0），并没有给它们命名。前面的命名仅是为了方便描述它们。继续执行下面按照 e0 的节点坐标修改好的创建新纱线的指令：

yarn = CYarn（）

yarn.AddNode（CNode（XYZ（0，0，−5.25e−05）））

yarn.AddNode（CNode（XYZ（0.0012779552715654952，0.0，−0.0001575）））

yarn.AddNode（CNode（XYZ（0.0018449552715654953，0.0，−0.00015925477555885724）））

yarn.AddNode（CNode（XYZ（0.0019603217252396167，0.0，−0.0002357368450316679）））

yarn.AddNode（CNode（XYZ（0.0022364217252396168，0.0，−0.000315）））

yarn.AddNode（CNode（XYZ（0.0028753993610223646，0.0，−0.00010 5）））

yarn.AddNode（CNode（XYZ（0.003514376996805112，0.0，−0.000315）））

yarn.AddNode（CNode（XYZ（0.003790476996805112，0.0，−0.0002357368450316679）））

yarn.AddNode（CNode（XYZ（0.0039058434504792338，0.0，−0.00015925477555885724）））

yarn.AddNode（CNode（XYZ（0.0044728434504792336，0.0，−0.0001575）））

yarn.AddNode（CNode（XYZ（0.0057508，0，−5.25e−05）））

GetTextile（'Example'）.AddYarn（yarn）

即可创建e0了（图13-14）。可以一次性复制上述指令来运行它们，不需要一条条来输入并执行。运行指令后如果看不到纱线，可以通过切换"Render Textile Nodes""Render Textile Paths"或 "Render Textile Surface"的状态来试试看。

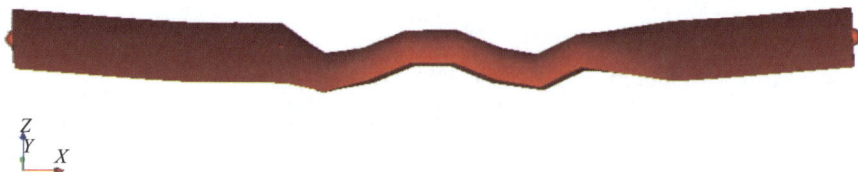

图 13-14　经纱 e0 的模型

因为没有设置纱线截面信息，如果开启了"Render Textile Surface"的话，显示的纱线可能并不是预想中的样子。

单击选中刚才新建的纱线，然后单击Assign区域的Section为该纱线设置截面信息，如图13-15所示。经纱在中间会有渐变截面特征，所以在提示框中选择"Interpolate between nodes"以根据节点配置截面以及

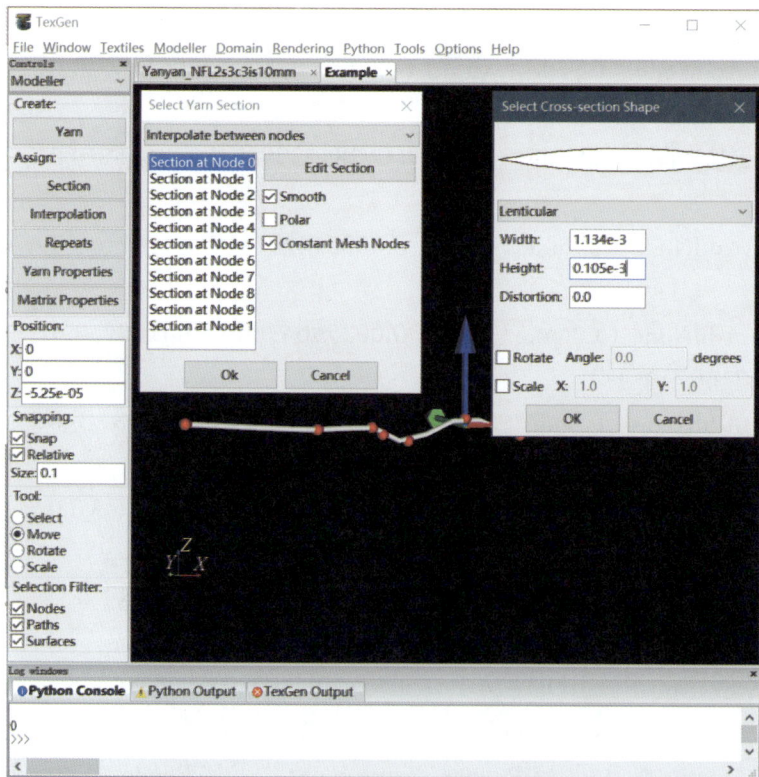

图 13-15　设置经纱 e0 中的渐变截面

截面渐变。然后在列出的所有节点中选中 "Section at Node 0"并单击"Edit Section"，在该节点处设置截面。这里选择使用透镜型（Lenticular）截面，宽度为$1.134e^{-3}$m，厚度为$0.105e^{-3}$m，其他参数保持默认。单击"Select Cross-section Shape"对话框中的Ok按钮完成Node 0 处的截面设置。然后继续按照同样配置来设置其他节点处的截面，包括Node 1～3、Node 9～10 共5个点。最后，按照绑定区经纱截面参数来设置其他几个节点处的截面，Node 4～8共5个节点，宽度为$0.5522e^{-3}$m，厚度为$0.210e^{-3}$m，其他参数同样保持默认。

以上这些操作均可以通过Python命令的方式操作，请观察TexGen窗口中Python Output区的反馈，自行编写和使用相应的指令。

之后，请按照类似的方法继续添加纱线e1、e2、e3、p0、p1、p2、p3、p4、p5、p6、p7、p8。将该织物的周期性重复单元中的所有纱线都创建出来，目标织物模型的一个最小可重复单元就创建完成了（图13-16）。

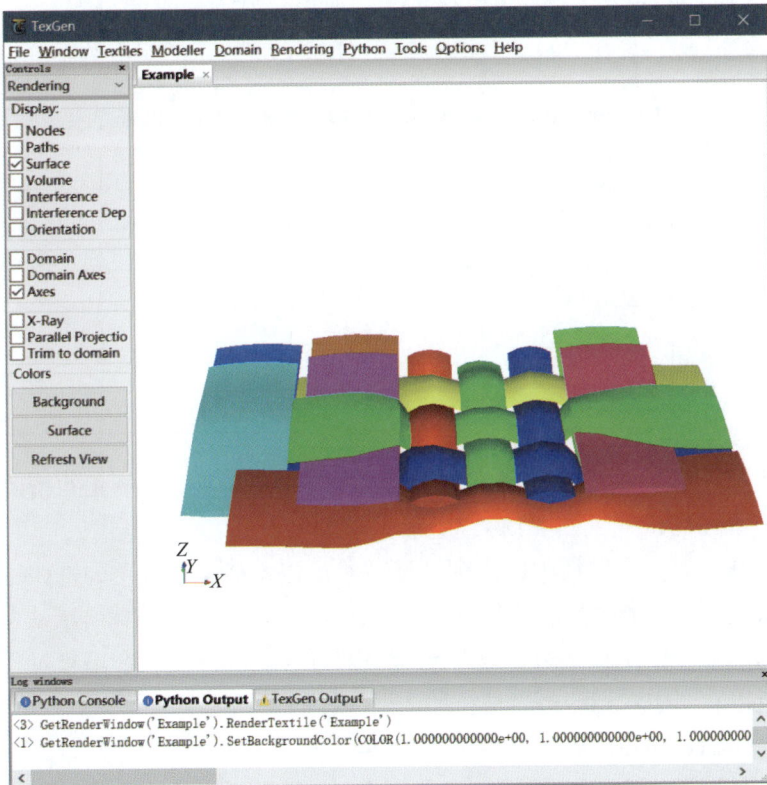

图 13-16　模型 Example（3DNFL2s3c3 的最小可重复单元）展示

（3）配置TexGen中的域（Domain）来扩展织物模型。

如果需要将已经创建好的织物模型的一个最小可重复单元扩展成一个大的织物模型，就利用下一个模块域（Domain）来设置。有两种方法，一种是设定一个矩形盒子（Box），另一种是分别配置构成盒子的六个平面（Plane）（它们实际上也构成一个Box，大小和位置与第一种方法相同）。域包裹的区域就是最终的织物模型的范围。设定好域之后，TexGen会自动将最小可重复单元或者其包裹在域中的那一部分沿着x、y、z三个方向进行重复（Repeats）以填满域所包围的空间，构成完整的织物模型。

域的六个面的含义是，面的负方向一边的空间和模型被认为在域之外，正方向的一边在域之内（有效部分）。每个面都按照下式定义。

$$Ax+By+Cz+D=0$$

矢量（A, B, C）表示平面的法线方向，D表示平面离开原点的距离。为了确定一个与坐标轴对齐的边界盒子，需要设定其离原点的最近点（x_1, y_1, z_1）以及最远点（x_2, y_2, z_2），其六个面P由表13-2展示的对应关系确定。

表13-2　TexGen 中构造域的平面与边界盒子近、远端坐标的关系

	A	B	C	D
P0	1	0	0	$x1$
P1	−1	0	0	$−x2$
P2	0	1	0	$y1$
P3	0	−1	0	$−y2$
P4	0	0	1	$z1$
P5	0	0	−1	$−z2$

这里采用后一种方法，根据3DNFL2s3c3的最小可重复单元的精确大小来配置六个平面的位置，如图13-17所示。

该功能需要配合渲染中的选项来使用，可以选择显示域（勾选Domain），也可以将模型按照域来扩展（勾选Trim to Domain），如图13-18所示从左到右的变化。请注意左图中最小可重复单元有一部分在域的外面，在重复过程中会被排除，所以右图中看到的边界是在那两根纬纱的中轴线上。

（4）从TexGen中导出纱线/织物模型。

默认情况下，TexGen使用纱线截面上的8个节点来对纱线进行网格划分。如果需要修改网格划分，目前只能使用Python命令来完成。指令格式如下。

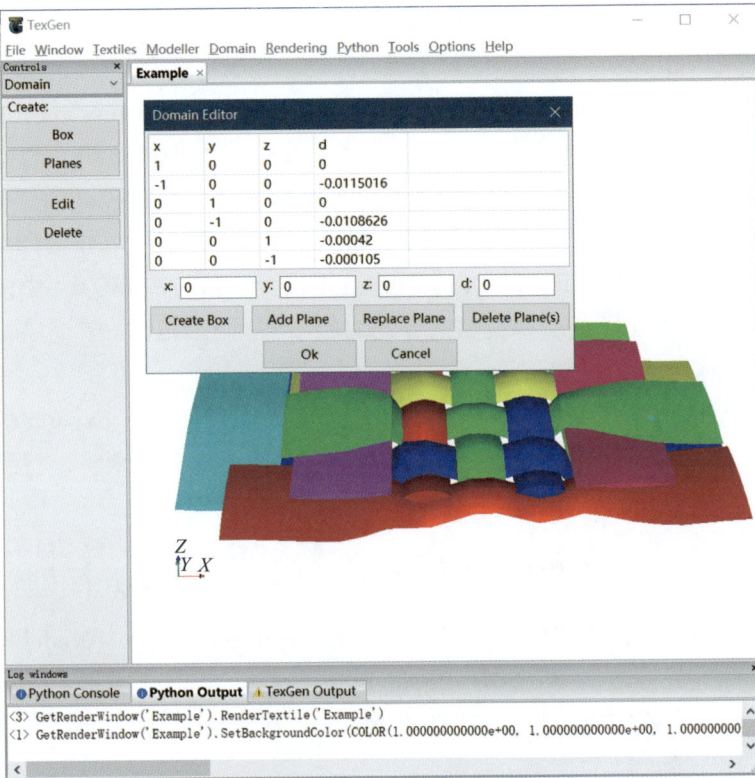

图 13-17　使用设定六个平面的方法来配置域的边界

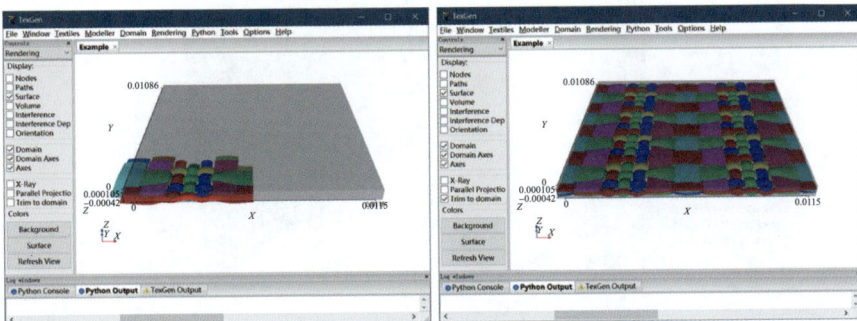

图 13-18　显示域（灰色长方体）之后将最小可重复单元（左图）扩展到整个域（右图）

Yarn.SetResolution（number_of_slave_nodes，yarn_resolution）

其中，number_of_slave_nodes 为两个节点间的从节点个数，控制纱线长度方向上的网格划分尺寸；yarn_resolution 为纱线截面上面的节点个数，控制截面上的网格尺寸。

　　TexGen中可以导出的文件格式（菜单栏→File→Export）包括表面网格、体网格、Tetgen网格、Voxel网格（将纱线近似为小的方块，类似于像素化）、ABAQUS Dry Fibre文件、IGES文件、STEP文件或TexGen内置的Grid或Voxel文件等。除TexGen内置的文件格式外，其他几种都可以作为向ABAQUS迁移的桥梁。尤其是 ABAQUS Dry Fibre File 甚至可以在ABAQUS中使用命令行方式提交直接运行。这种类型的导出就需要提前在TexGen中设定材料参数等必须的有限元分析设置。

　　以ABAQUS Dry Fibre File 为例，依次选择菜单栏→File→Export→ABAQUS Dry Fibre File...，根据提示选择导出选项（这里按照默认选项），将导出文件保存下来，如Example.inp。

13.2.3　将纱线/织物导入 ABAQUS 中配置有限元模型

　　运行ABAQUS，依次浏览并打开菜单栏->File->Import-> Model⋯，按照提示将文件过滤修改为 ABAQUS Input File （×.inp），选择刚才导出的文件Example.inp，导入完成，如图13-19所示。

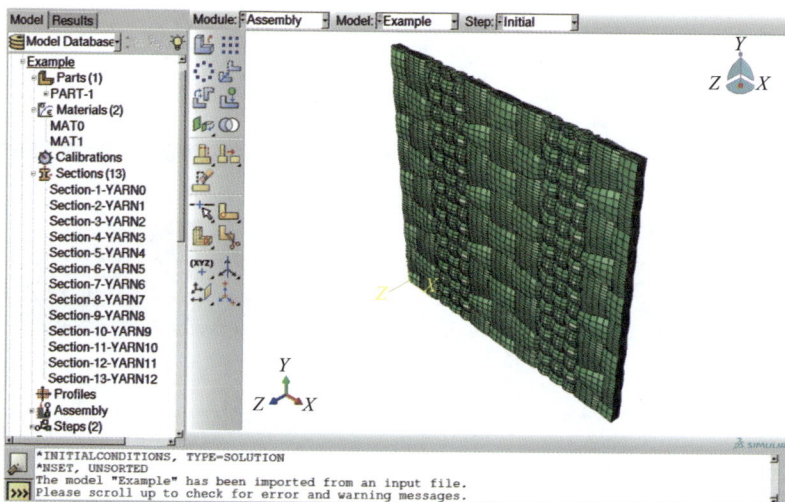

图 13-19　通过 ABAQUS Dry Fibre File 导入 ABAQUS 的织物模型

　　从图13-19中ABAQUS的左侧工具栏中可以看到，整个织物是当作一个部件（PART-1）导入ABAQUS的。也可以在TexGen中针对单根特征纱线进行建模，导出并导入ABAQUS，然后在ABAQUS中利用导入的特征纱线组装出完整的织物。

13.3 结果分析

图13-20显示了在两子层三维网联织物NFL2s27c15P的分离区中心，子弹冲击产生的应力波进入绑定区前后的应力分布对比。NFL2s27c15P是一个较大尺寸（200mm×200mm）的模型，其中分离区有27根纬纱，而绑定区有15根纬纱。在应力波进入绑定区之前，经纱和纬纱方向上的应力波传播是相同的，但是在进入绑定区之后应力波产生了较大程度的衰减。对纱线偏离其原始位置的分析还显示，经历绑定区的经纱对远离冲击中心的纬纱有较大的拖拽作用。分析认为这是因为绑定区的纱线密度较大，有较强的纱线间相互作用。这说明，通过引入绑定区，可以调控织物中的纱线间作用，从而对应力波的传播进行优化。

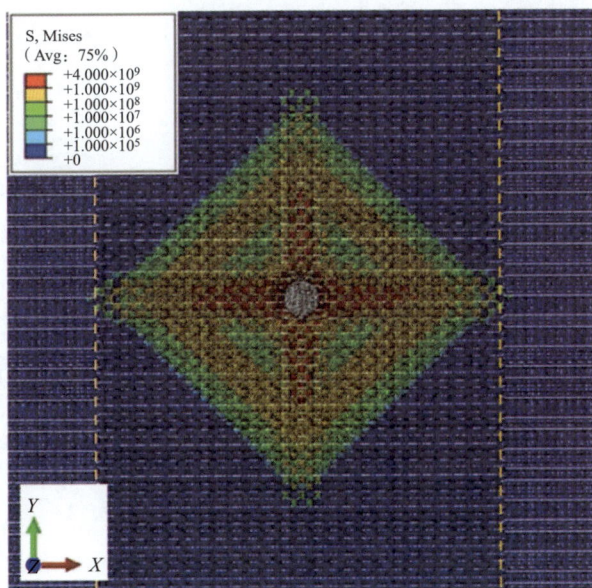

（a）t=3.75μs

图 13-20

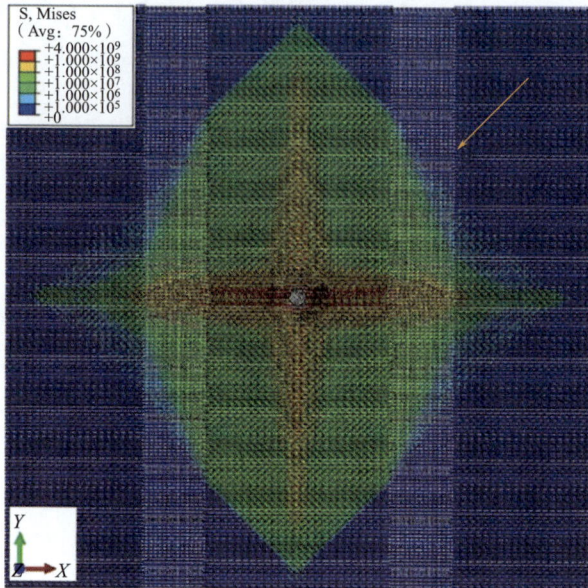

（b）t=12.00μs

图 13-20　NFL2s27c15P 中应力波进入绑定区前后对比

13.4　软件联用模拟案例的启发

　　对简单织物进行建模分析时可以直接在ABAQUS中利用其自带的几何建模环境创建几何模型，但是对于复杂的几何体，则需要借助外部建模工具，如专业的3D建模软件SolidWorks或专门针对织物建模的TexGen来进行。例如示例中的三维层间网联织物，当需要根据结构变化对经纱中的一段进行截面变化时，ABAQUS内置的几何建模工具就无法实现。同时发现，利用专门的工具，如TexGen，可以显著地降低织物建模的难度。

参考文献

［1］ZENG H. Failure Mode and Engineering of 3D Networked Fabrics against Ballistic Impact［D］. Doctor of Philosophy，2019.

［2］BROWN L P，LONG A C. 8 – Modeling the geometry of textile reinforcements for composites：TexGen，in Composite Reinforcements for Optimum Performance (Second Edition)［C］. P. Boisse，Editor. Woodhead Publishing，2021.

［3］ZENG H，CHEN X. Geometric Modelling of 3D Networked Fabrics［C］. Proceedings to The World Conference in 3D Fabrics and Their Applications，Roubaix，France，2016.

［4］CHU Y Y，LIU Y Y，FAHADUZZAMAN M，et al. Ballistic performance of multi–layer fabric panels considering fabric structure and inter–yarn friction［J］. Journal of Industrial Textiles，2023，53：1–19.

［5］CHU Y Y，CHEN X G. Finite element modelling effects of inter–yarn friction on the single–layer high–performance fabrics subject to ballistic impact［J］. Mechanics of Materials，2018，126：99–110.

［6］CHU Y Y，MIN S N，CHEN X G. Numerical study of inter–yarn friction on the failure of fabrics upon ballistic impacts［J］. Materials & Design，2017，115：299–316.

［7］RAO M P，DUAN Y，KEEFE M，et al. Modeling the effects of yarn material properties and friction on the ballistic impact of a plain–weave fabric［J］. Composite Structures，2009，89（4）：556–566.

［8］王绪财，王伟，陈春晓，等. 超高分子量聚乙烯复合材料抗多发弹性能试验研究［J］. 中国测试，2018，44（10）：145–150.